Das Fachbuch

zum

Casio fx-991DE CW
Casio fx-87DE CW

Jörg Christmann

Vorwort / Hinweise zur Arbeit mit diesem Buch

CASIO ist eingetragenes Warenzeichen.

Dieses Buch soll einen Schnelleinstieg in die Arbeit mit den Taschenrechnern CASIO fx-991DE CW und CASIO fx-87DE CW ermöglichen. Es ersetzt nicht die Bedienungsanleitung von CASIO, die auf der CASIO-Homepage heruntergeladen werden kann.

Das Buch wurde nach bestem Wissen zusammengestellt. Deshalb können der Autor und der Herausgeber des Buches keinerlei Haftung für Druckfehler oder eventuell fehlerhaft wiedergegebene Inhalte übernehmen.

Abschnitte bzw. Funktionen, die nur für den Taschenrechner CASIO fx-991DE CW gültig sind, werden mit folgendem Bild gekennzeichnet:

Alle anderen Kapitel beziehen sich auf Inhalte, die für die beiden Rechnermodelle CASIO fx-991DE CW sowie CASIO fx-87DE CW gültig sind.

Inhaltsverzeichnis

1 Einführung

1.1 Das Besondere an diesen Rechnern

CASIO präsentiert mit diesen Rechnern Modelle mit einer neuen Bedienerführung und Tastenform. Die Rechner lösen die bisherigen Modelle CASIO fx-991DE X und CASIO fx-87DE X ab.

Auf die Besonderheiten und Veränderungen gegenüber den bisherigen Modellen gehen wir in diesem Kapitel besonders ein.

1.2 Die Taschenrechner CASIO fx-991DE CW / fx-87DE CW

<u>**Die drei wichtigsten Funktionen**</u>

Einschalten: **ON**

Ausschalten: **SHIFT + AC = OFF**

Hauptmenü: **HOME** ⌂

1.2.1 Unterschiede der beiden Rechner

CASIO fx-991DE CW

CASIO fx-87DE CW

Tastaturfarbe und SHIFT-Taste unterscheiden sich.

Hauptmenü CASIO fx-991DE CW

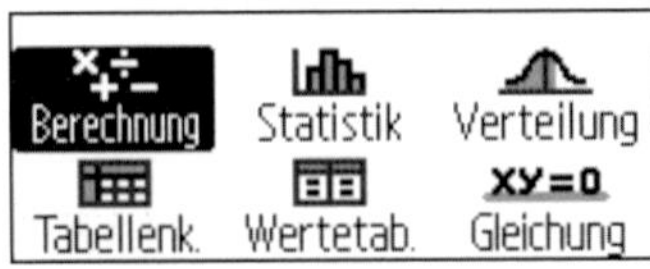

Ungleichung Komplex Basis-N
Matrix Vektor Verhältnis

Hauptmenü CASIO fx-87DE CW

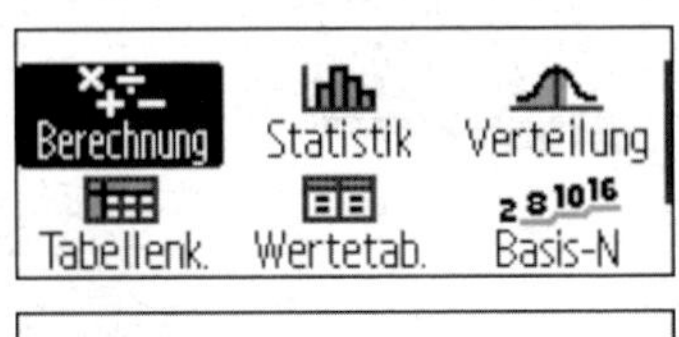

Tabellenk. Wertetab. Basis-N
Mathebox

1.2.2 Neue Tastenform

NEU: Runde Tasten

Casio FX-991DE CW

Bisher: Rechteckige Tasten

CASIO FX-991DE X

Der CASIO fx-991DE CW und CASIO fx-87DE CW verwenden wie alle neuen Modelle der Reihe **DE CW** runde Tasten.

1.2.3 Doppelbelegung von Tasten

Bei diesen Rechnern – wie bei allen neuen Rechnern von Casio der Reihe „**DE CW**“ - gibt es nur noch eine **Zweifachbelegung** der Tasten. Die zweite Funktion erreicht man jeweils über die silberfarbene bzw. blaue **Shift-Taste** und den Text links oben neben der jeweiligen Taste.

π = Zweitbelegung:

SHIFT ⇧ + 7

Weitere Funktionen verbergen sich hinter den beiden Tasten **CATALOG** und **TOOLS**.

Diese Funktionen besprechen wir in späteren Kapiteln!

1.3 Das Hauptmenü HOME

Hauptmenü: **HOME 1**

Hauptmenü: **HOME 2**

Hauptmenü: **HOME 3**

Im Hauptmenü stehen dreizehn (fx-991DE CW) bzw. sieben* Funktionen (fx-87DE CW) zur Verfügung, grafisch mit Icons dargestellt. Diese verteilen sich über zwei bzw. drei Bildschirmfenster.

Home 1

- **Berechnung***
- **Statistik***
- **Verteilung***
- **Tabellenkalkulation***
- **Wertetabelle***
- **Gleichung**

Home 2

- **Ungleichung**
- **Komplex**
- **Basis-N***
- **Matrix**
- **Vektor**
- **Verhältnis**

Home 3

- Matrix
- Vektor
- Verhältnis
- **Mathebox***

* Menüfunktionen beim CASIO fx-87DE CW.

1.3.1 Übersicht über die HOME - Menüfunktionen

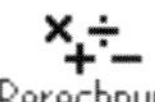

Berechnung

Mit diesem Menüpunkt gelangt man in ein Fenster, in dem die von einem Taschenrechner bekannten „normalen" mathematischen Berechnungen durchgeführt werden.

Statistik

Statistik

Statistische Berechnungen, Mittelwerte,

Verteilung

Hinter diesem Menüpunkt verbergen sich die Verteilungsfunktionen für die Wahrscheinlichkeitsrechnung: **Normalverteilung, Binomialverteilung und Poissonverteilung**.

Tabellenkalkulation

Arbeiten mit einer Tabellenkalkulation

Wertetabelle

Mit dieser Funktion kann man für **bis zu zwei Funktionen $f(x)$ und $g(x)$** eine Wertetabelle aus x-Werten und Funktionswerten erstellen lassen.

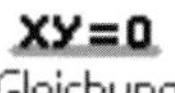

Gleichung

Einfache Gleichungen lösen

XY>0
Ungleichung

Ungleichung

Ungleichungen lösen

Komplex

Komplex

Arbeiten mit komplexen Zahlen

2 8 10 16
Basis-N

Basis-N

Rechnen mit verschiedenen Zahlensystemen wie dem Zweiersystem (Binärsystem) oder 16er-System (Hexadezimalsystem).

Matrix

Matrix
Definition und Berechnungen mit Matrizen. Z. B. Determinate einer Matrix, Matrizen diagonalisieren, Multiplikation von Vektor mit Matrix.

Vektor

Vektor
Definition und Berechnungen mit Vektoren.
Z. B. Längen und Winkel von Vektoren, Skalarprodukt und Vektorprodukt.

□/□
Verhältnis

Verhältnis

In diesem Abschnitt kann man Verhältnisgleichungen lösen. Das sind z.B. Dreisatzaufgaben.

Mathebox

Mathebox

Die Mathebox ist eine Funktion für die Simulation von bestimmten mathematischen Themen.

- Würfel- und Münzwürfe. Man kann bis zu 250 Würfe mit bis zu 3 Würfeln oder 3 Münzen simulieren.

Neben den Funktionen zu der Wahrscheinlichkeitsrechnung finden wir zwei weitere:

- Zahlengerade
- Kreis

1.3.2 Navigationstasten / Eingaben löschen

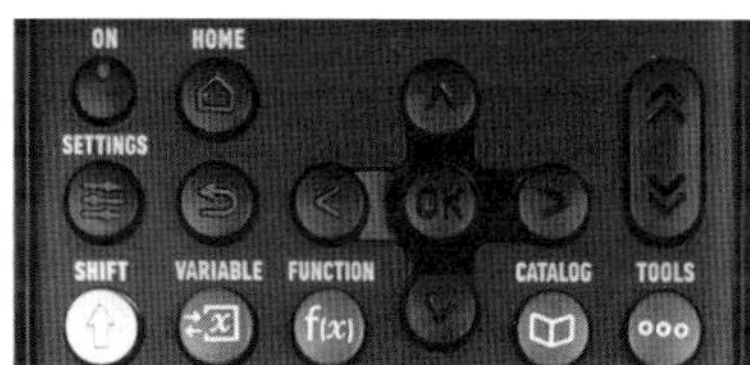

Zu den Navigationstasten zählen die schwarzen Tasten im oberen Bereich der Tastatur.

Die Tasten **ON** und **HOME** haben wir bereits erwähnt. Auf die Einstellungen (**SETTINGS**) gehen wir im nächsten Abschnitt ein.

Eingabe rückgängig

Mit dieser Taste kann die letzte Eingabe rückgängig gemacht werden.

Pfeiltasten

Mit den **Pfeiltasten** wandert man mit dem Cursor durch das Hauptmenü oder die jeweilige Anzeige und kann so die Cursorposition verändern. Mit **OK** oder **EXE** bestätigen wir unsere Auswahl.

Doppelpfeil Taste

Mit der Doppelpfeiltaste ⏫ ⏬ kann man in mehrzeiligen Auswahlmenüs in größeren Schritten springen.

Zeichen löschen

Mit dieser Taste ⌫ wird **nur ein Zeichen** links von der aktuellen Cursorposition gelöscht.

Anzeige löschen

Mit der Taste **AC** (AC) wird die komplette Anzeige (das gesamte Display) gelöscht.

Eingabe ausführen

Eingaben und Berechnungen werden mit der Taste **EXE** (EXE) abgeschlossen.

1.4 Wichtige Funktionstasten

1.4.1 CATALOG

Hinter der **CATALOG** Taste verbergen sich eine Vielzahl von weiteren Funktionen die nicht auf der Tastatur hinterlegt sind. Einige dieser Funktionen behandeln wir in Kapitel **2 Mathematische Berechnungen**.

Auswahlmöglichkeiten mit der **CATALOG** Taste

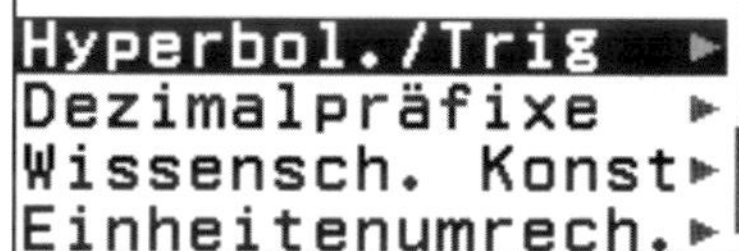

Funktionsanalyse

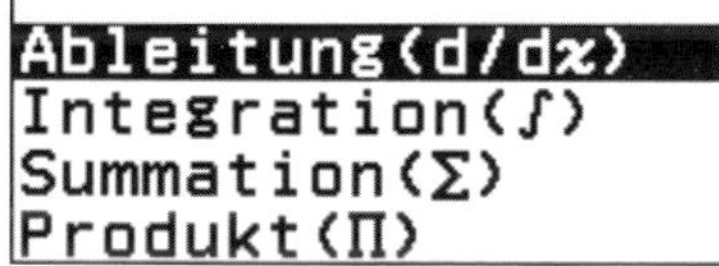

Rechnen mit Rest
Logarith.(logab)
Logarithmus(log)
Natürl. Log(ln)

Wahrscheinlichkeit

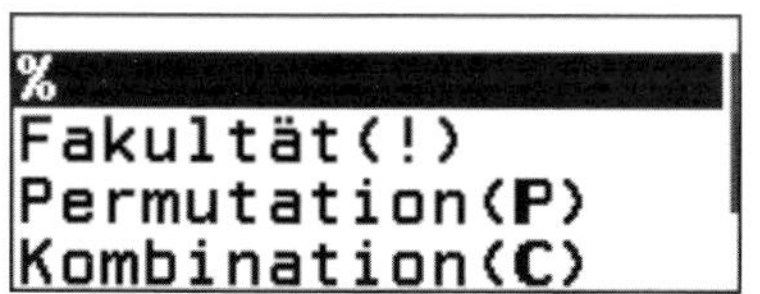

Permutation(P)
Kombination(C)
Zufallszahl
Ganz. Zufallszahl

Num. Berechnung

Ganzzahl
Rundung
Größte Ganzzahl
Internes Runden

Winkel / Koord / 60S

Gon
Kartes. zu Polar
Polar zu Kartes.
Grad Min. Sek.

Hyperbol./Trig

$\cosh^{-1}$
$\tanh^{-1}$
sin
cos

tan
$\sin^{-1}$
$\cos^{-1}$
$\tan^{-1}$

Dezimalpräfixe

Milli
Mikro
Nano
Piko

Giga
Tera
Peta
Exa

Wissensch. Konst

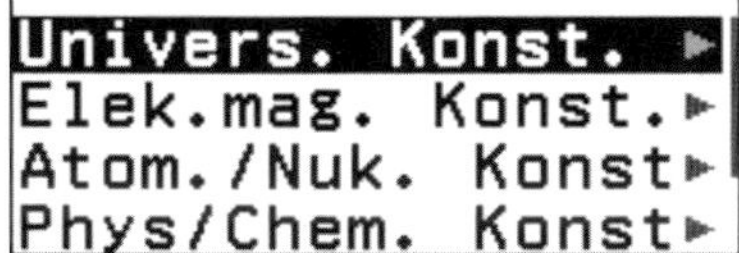

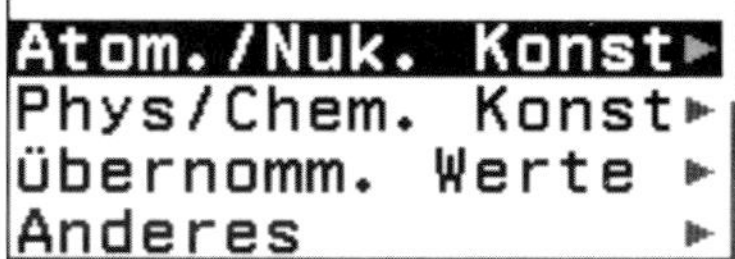

Einheitenumrech.

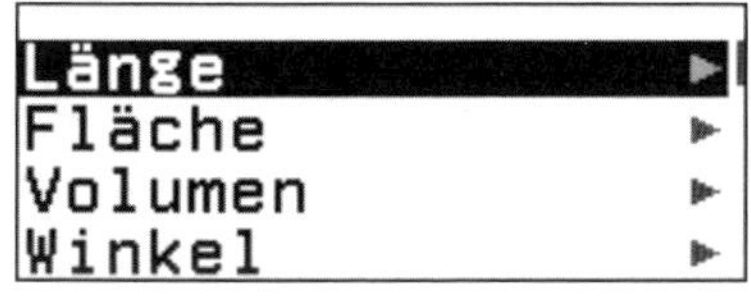

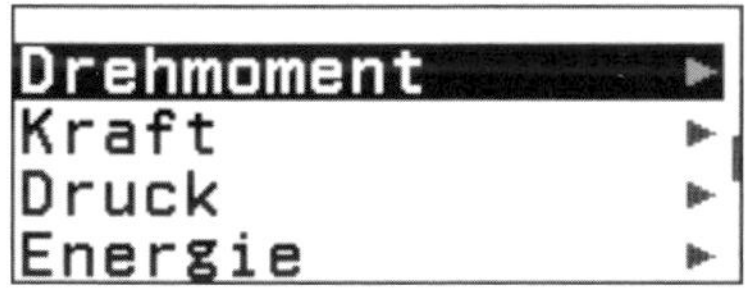

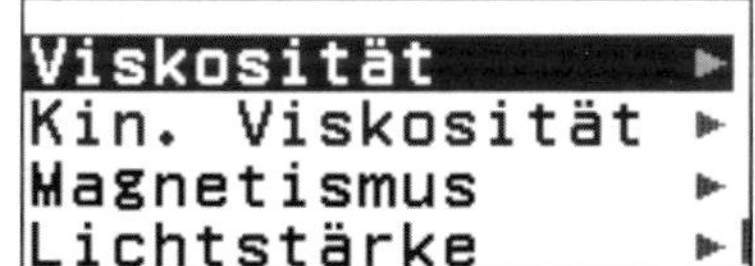

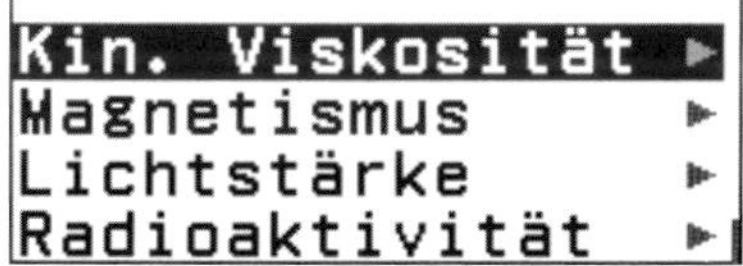

1.4.2 TOOLS

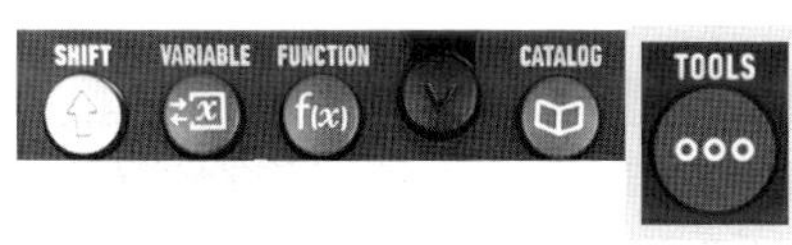

Über die Taste **TOOLS** (ooo) erhält man Zusatzfunktionen, die jedoch kontextabhängig zum jeweiligen Menü sind.

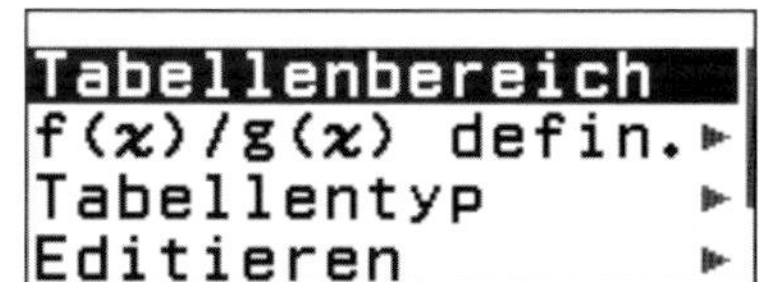

Beispiel: Tools im Kontext zu Wertetabellen

Beispiel: Tools im Kontext zu Berechnung

1.4.3 FUNCTION

Im Rechner können zwei Funktionen $f(x)$ und $g(x)$ hinterlegt werden und mit Funktionswerten aufgerufen werden. Hierzu verwendet man die Taste **FUNCTION** (f(x)).

f(x)
g(x)
f(x) definieren
g(x) definieren

Die ersten beiden Einträge

- $f(x)$
- $g(x)$

dienen der Eingabe von bestimmten x-Werten. Die beiden weiteren Einträge

- $f(x)$ definieren
- $g(x)$ definieren

sind für die Eingabe der Funktionsterme gedacht.

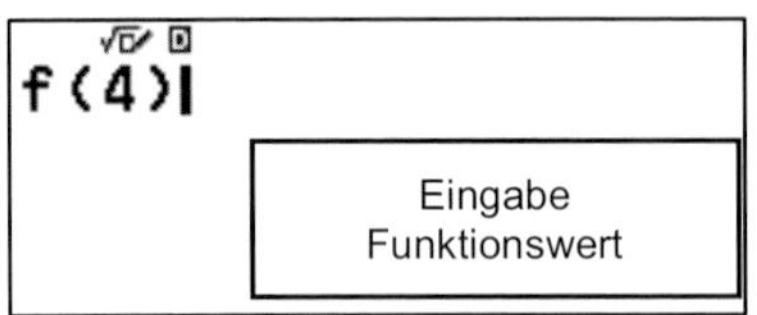

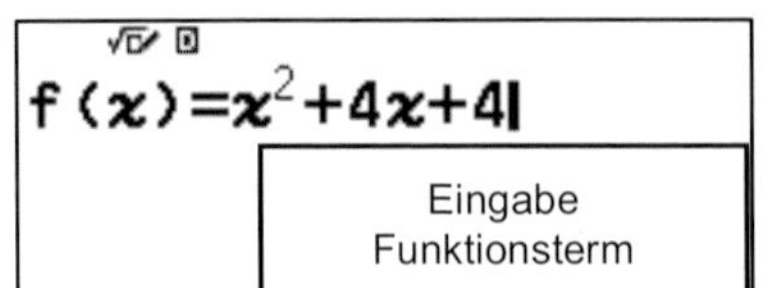

Einmal hinterlegte Funktionen werden auch bei dem Punkt WERTETABELLE des Hauptmenüs verwendet!

1.4.4 VARIABLE

Im Taschenrechner können bis zu neun Variablen hinterlegt werden und in Rechenoperationen eingebaut werden.

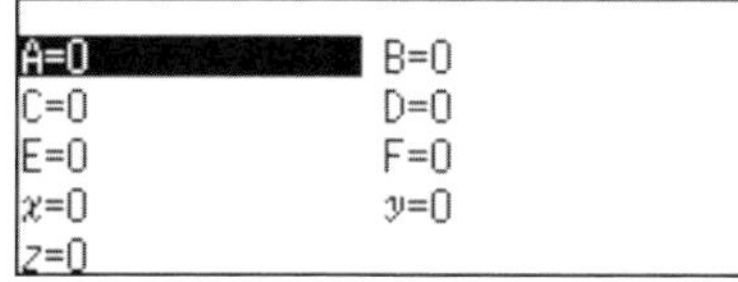

Drückt man die **VARIABLE** Taste werden zunächst alle Variablen mit den zugewiesenen Werten angezeigt.

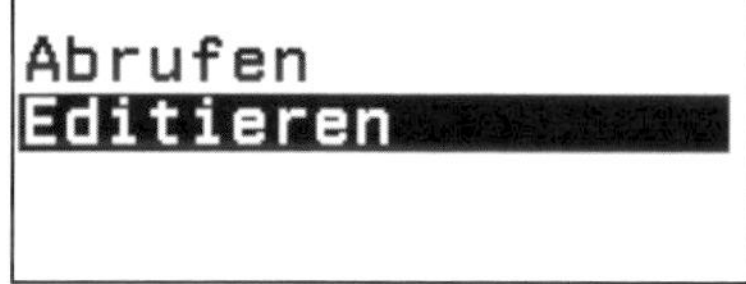

Wählt man eine Variable aus und drückt **OK** oder **EXE** kann man die Variable detailliert abrufen oder neu definieren.

Wir definieren

A = 0,5 und bestätigen mit **OK** oder **EXE** .

Nach der Bestätigung gelangen wir in die Übersicht zurück.

Der Aufruf oder Einbau von Variablen in Rechenausdrücken oder Funktionen erfolgt mit **SHIFT** und der Taste für den Variablenbuchstaben:

1.4.5 FORMAT

Rechenergebnisse können mit der Taste **FORMAT** in verschiedenen Darstellungsweisen angezeigt werden. Die **Voreinstellung** wird unter **Einstellungen = SETTINGS** festgelegt!

Eine Periodendarstellung wird nur angeboten, wenn es möglich ist!

Vier Darstellungsformen auf der ersten Seite, weitere ...

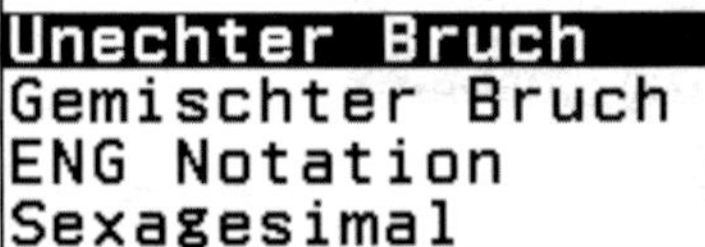

... Darstellungsformen sind auf der zweiten Seite versteckt.

Standard/Voreinstellung

Dezimal

Periodendarstellung

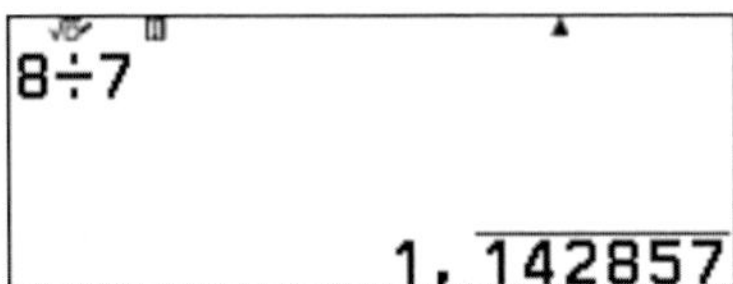

Unechter Bruch

Gemischter Bruch

ENG Notation

Sexagesimal

1.5 SETTINGS – Einstellungen am Rechner

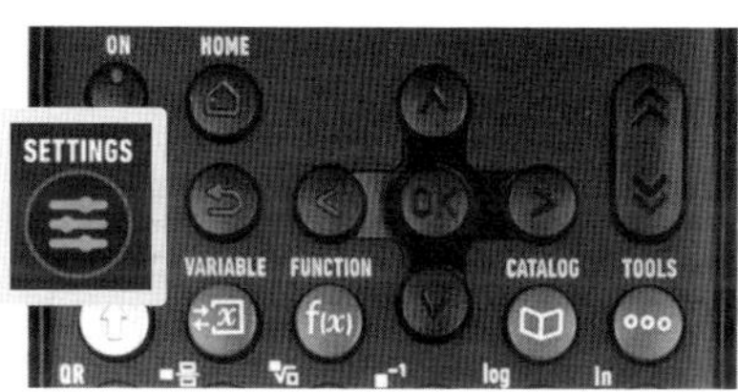

Mit der Taste **SETTINGS** gelangen wir zu den Systemeinstellungen. Allerdings müssen wir uns hierzu zunächst in einem der vier Hauptmenüpunkte befinden, um zu den Einstellungen des Rechners zu gelangen.

Klicken wir im Hauptmenü **HOME** auf die Taste **SETTINGS** erscheint ein QR-Code.

Diesen QR-Code können wir mit unserem Smartphone oder Tablet-Computer einscannen und gelangen so auf eine WEB-Seite von CASIO, auf der wir die Bedienungsanleitung aufrufen können. Die ersten 4 angezeigten Zeichen sind die Modellnummer des Rechners – hier: **015A** .

Settings im Berechnungsfenster

Einstellmöglichkeiten

1.5.1 Recheneinstellungen

Unter Recheneinstellungen können wir unter sieben Einträgen wählen:

Eingabe/Ausgabe

Die voreingestellte Eingabe- und Ausgabeanzeige wird hier festgelegt.

Mathe -> Mathe bedeutet hier, dass der Rechner selbst über die Anzeigeform entscheidet. Im Zweifelsfall kann man immer noch mit der Taste **FORMAT** die Darstellung eines Rechenergebnisses ändern.

Winkeleinheit

Die Winkeleinheit kann im

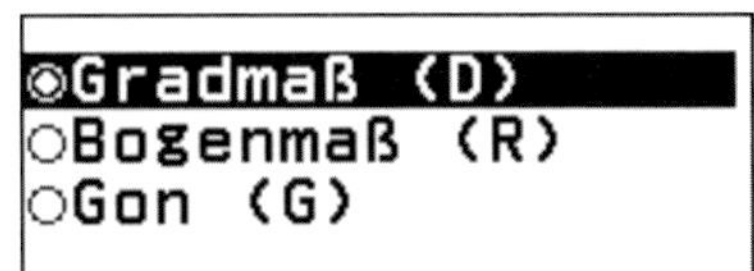

- Gradmaß von $0° - 360°$
- Bogenmaß von $0 - 2\pi$
- Gon (Neugrad) von 1° – 400°

angegeben werden.

Zahlenformat

Bei der Darstellung von Zahlen können wir zwischen verschiedenen Anzeigen unterscheiden:

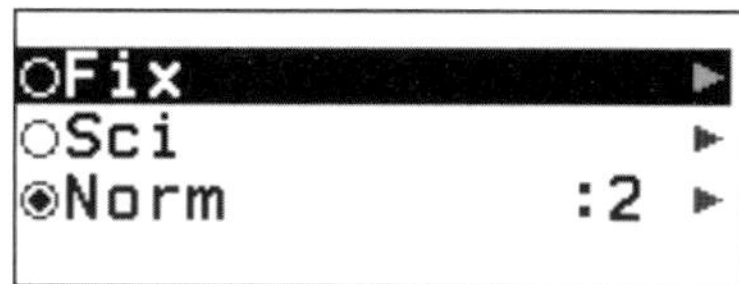

- **Fix**: Feste Anzahl von Nachkommastellen

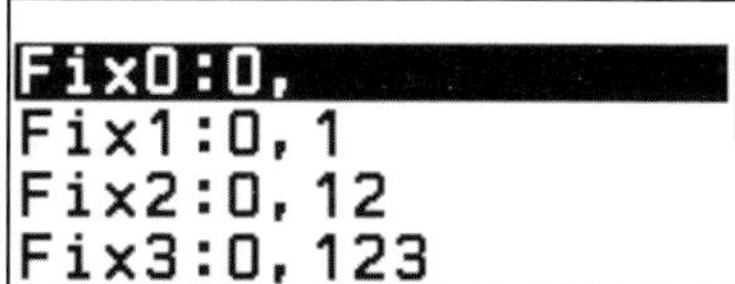

- **Sci**: Wissenschaftliche Darstellung mit fest vorgegebener Anzahl von relevanten Stellen in Zehner-Potenzschreibweise

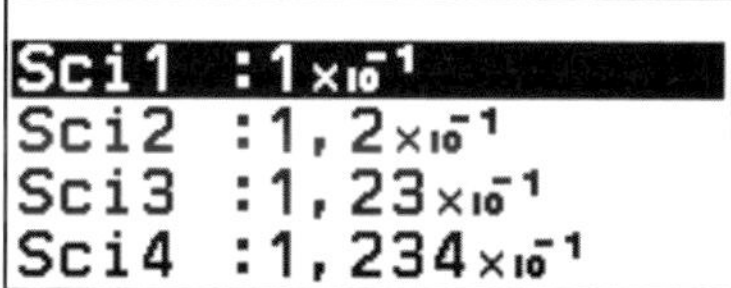

- **Norm**: Standard-/ (Norm-) Darstellung
  Norm1:
  3 gültige Stellen in 10er-Potenzschreibweise
  Norm2:
  Dezimalschreibweise

Dezimalpräfixe

Dezimalpräfixe sind Abkürzungen / Vorsätze für die jeweiligen Tausender-Stellen, z.B.:

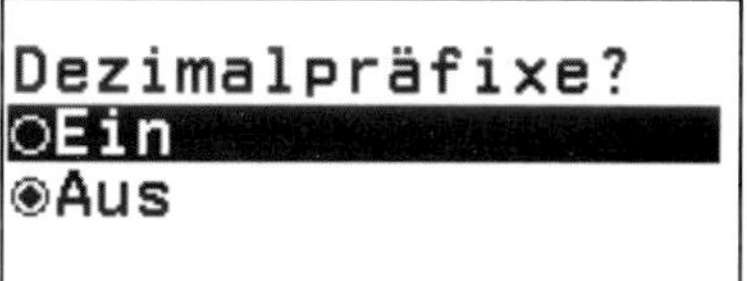

- $k = Kilo = 1\,000 = 10^3$
- $M = Mega = 1\,000\,000 = 10^6$
- $m = Milli = \frac{1}{1000} = 10^{-3}$

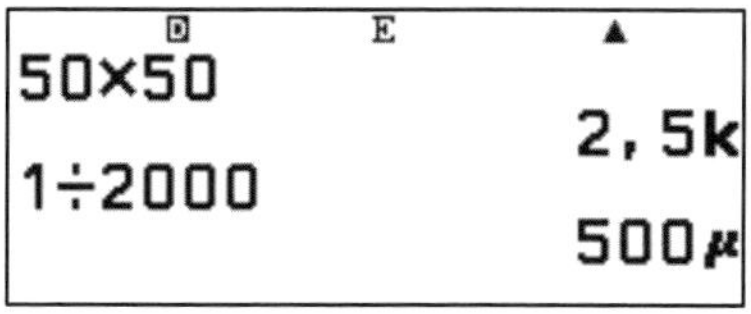

50×50	
	2,5k
1÷2000	
	500μ

Dezimalpräfixe eingeschaltet

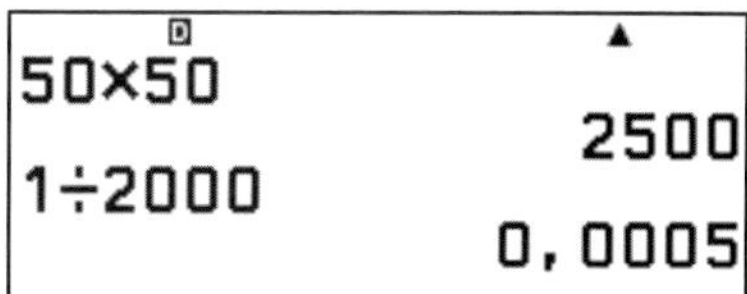

Dezimalpräfixe ausgeschaltet

Bruchergebnis

Bruchrechenergebnisse können in gemischter oder unechter Bruchschreibweise angezeigt werden.

$\frac{8}{3}$ als Gemischter Bruch

$\frac{8}{3}$ als Unechter Bruch

1.5.2 Systemeinstellungen

Die Systemeinstellungen beziehen sich nur auf das Gerät und nicht auf mathematische Berechnungen oder Ergebnisse.

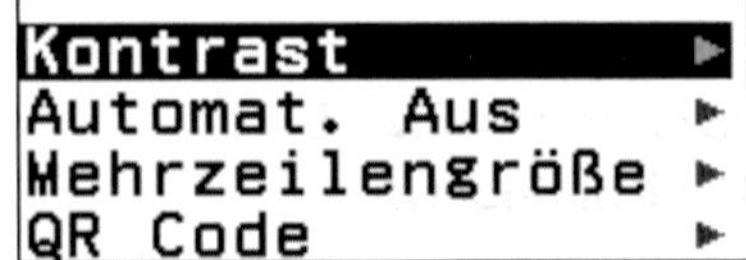

Kontrast

Unter Kontrast stehen vier verschiedene Graustufen zur Verfügung.

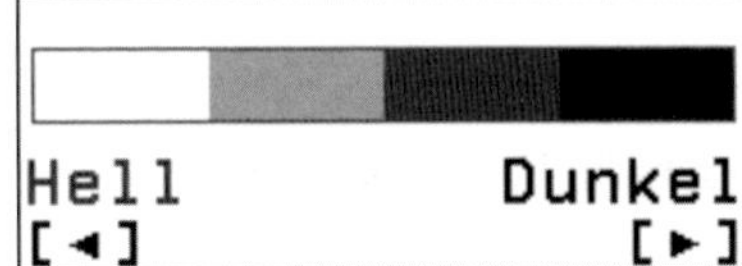

Automat. Aus

Als Stromsparfunktion kann man die automatische Abschaltung nach 10 Minuten oder 60 Minuten einstellen.

Mehrzeilengröße

Hier hat man die Wahl zwischen normaler und kleiner Schriftgröße.

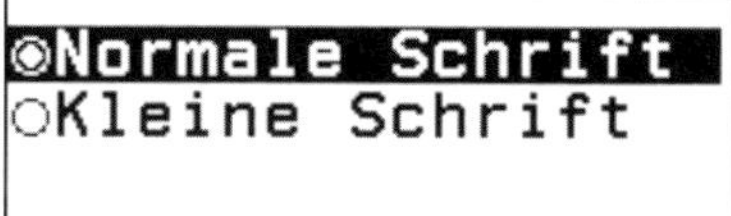

QR-Code

- **Version 3** verwendet **29 x 29 Module**.

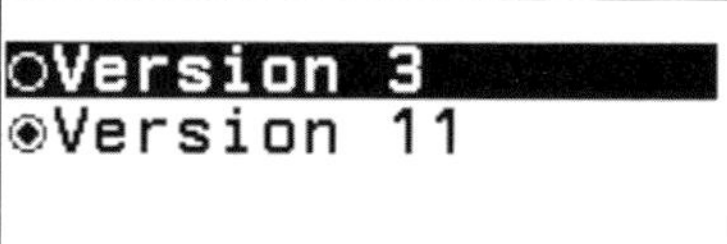

- **Version 11** verwendet **61 x 61 Module** und kann daher mehr Informationen speichern.

Nicht unterstützt
(Version 3)
Zurück

Umfangreiche Berechnungen/Darstellungen werden von Version 3 nicht unterstützt! Daher sollte man die Standard-Einstellung Version 11 nicht ändern!

1.5.3 Zurücksetzen

Die Funktion Zurücksetzen erlaubt noch die Wahl zwischen

- Einstellungen und Daten zurücksetzen
- Variablenspeicher zurücksetzen
- Alles neu initialisieren

Zurücksetzen OK?
Variablenspeich.
Ja
Abbrechen

Im nächsten Schritt kann man nur wählen zwischen:

- Ja
- Abbrechen

1.5.4 Beginnen

Der Punkt **Beginnen** in den **Einstellungen / SETTINGS** führt zu dem bereits erwähnten QR-Code. Dieser verweist auf die CASIO Homepage und führt zur Bedienungsanleitung.

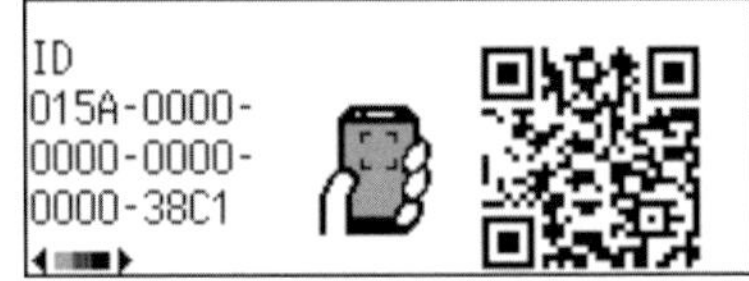

1.6 Der Antwortspeicher Ans

Das Ergebnis der letzten Berechnung wird im sogenannten Antwortspeicher abgelegt und kann mit der Taste **Ans** (Ans) in neue Berechnungen wieder eingefügt werden.

Bei früheren CASIO Modellen befand sich die Ans-Taste immer in der Nähe der **EXE** (EXE) oder Gleichheitszeichen-Taste =.

Bisherige Position der Ans-Taste

Beim CASIO fx-991DE CW und fx-87DE CW befindet sich die (Ans) **Ans-Taste direkt über der Taste der Zahl 7**.

Neue Position der Ans-Taste

Beispiel zur Nutzung des Antwortspeichers

Berechne den Quotienten aus 100 und 50 und addiere anschließend 10. Viertele das neue Ergebnis.

Wir geben ein:

$$100:50$$

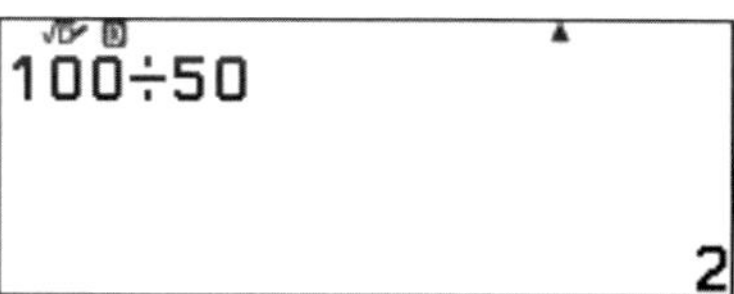

Zur weiteren Berechnung geben wir nur noch ein:

$$+10$$

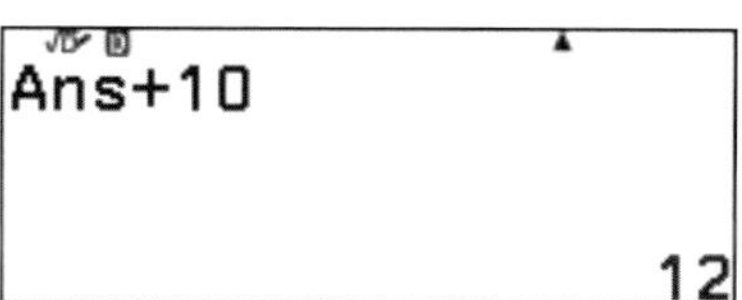

Im Display erscheint:

$$Ans + 10$$

Aus dem Antwortspeicher wird das Ergebnis der vorherigen Rechnung (2) genommen und 10 wird addiert:

$$2 + 10 = 12$$

Das neue Ergebnis wird nun durch vier geteilt:

$$Ans:4 = 3$$

2 Mathematische Berechnungen durchführen

2.1 Die Grundrechenarten

Die Grundrechenarten werden durch entsprechende Tasten auf der Tastatur abgebildet. Hierbei gilt bei der Eingabe wie üblich die Regel: Punktrechnung geht vor Strichrechnung. Potenzen werden zuerst ausgerechnet. Klammern haben Vorrang.

Versuche, die folgenden Aufgaben im Kopf und dann im Rechner nachzuvollziehen!

Beispiele

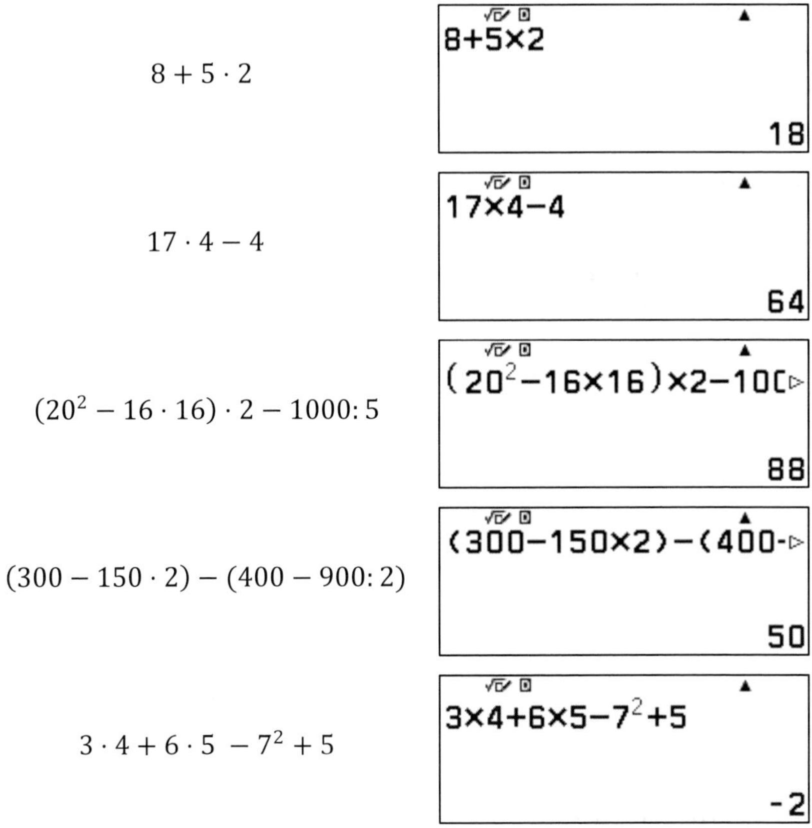

2.2 Bruchrechnung

Zur Eingabe von Brüchen hat der Rechner eine eigene Taste $\frac{\square}{\square}$. Diese befindet sich links oben neben der Taste (x) für die Variable x.

Die Eingabe einer **gemischten Bruchdarstellung,** z.B. $\frac{25}{3} = 8\frac{1}{3}$ **ist über Shift + Taste $\frac{\square}{\square}$ möglich.**

> **Hinweis:** Achte bei der Eingabe immer darauf, ob sich der Cursor gerade im Zähler oder Nenner befindet.

Beispiele

$$\frac{5}{3}+\frac{2}{6}$$

Anzeige: $\frac{5}{3}+\frac{2}{6}$ → 2

$$\frac{1}{2}+\frac{2}{3}-\frac{3}{4}+\frac{4}{5}$$

Anzeige: $\frac{1}{2}+\frac{2}{3}-\frac{3}{4}+\frac{4}{5}$ → $\frac{73}{60}$

$$\frac{\frac{3}{8}+\frac{1}{4}}{\frac{4}{3}}$$

Anzeige: $\frac{\frac{3}{8}+\frac{1}{4}}{\frac{4}{3}}$ → $\frac{15}{32}$

$$\frac{2}{10}+\frac{2}{5}+\frac{3}{15}-\frac{15}{25}$$

Anzeige: $\frac{2}{10}+\frac{2}{5}+\frac{3}{15}-\frac{15}{25}$ → $\frac{1}{5}$

2.3 Prozentrechnung

Prozent bedeutet „von Hundert“. Daher stehen Prozentangaben immer im Zusammenhang mit der Bruchrechnung und „jedes Prozent“ entspricht $\frac{1}{100}$.

Leider suchen wir auf der Tastatur vergeblich nach dem Prozentzeichen **%**.

Die Prozentfunktion / das Prozentzeichen ist jedoch vorhanden und befindet sich unter CATALOG verborgen!

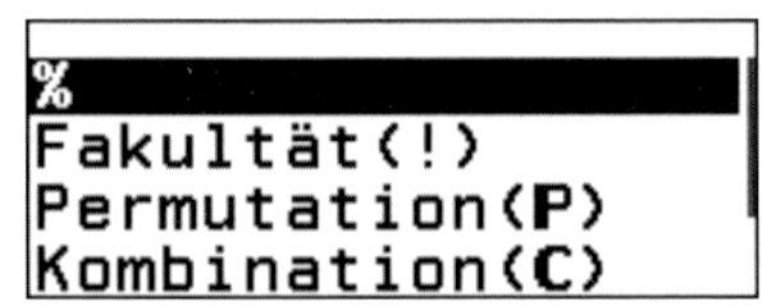

> **Entscheide selbst, welcher Weg zur Eingabe praktischer ist:**
>
> **p% über CATALOG oder $\frac{p}{100}$ als Bruch .**

In der Prozentrechnung rechnen wir mit den Größen:

Grundwert	G_W	Unsere Basisgröße
Prozentwert	P_W	Der prozentuale Wert der Basisgröße/des Grundwerts
Prozentsatz	$p\%$	Die Prozentzahl oder der Bruchteil, der den Anteil beschreibt

Es gelten die bekannten Gesetzmäßigkeiten:

$$G_W = \frac{P_W}{p\%} \qquad P_W = G_W \cdot p\% \qquad p\% = \frac{P_W}{G_W}$$

Beispielaufgaben

Berechne den **Prozentwert** mit den Angaben: $G_w = 375, p\% = 8\,\%$

Wir geben 8 % als Bruch ein:

$$P_w = G_w \cdot p\% = 375 \cdot \frac{8}{100} = 30$$

oder mit **%** über **CATALOG**

$$P_w = G_w \cdot p\% = 375 \cdot 8\% = 30$$

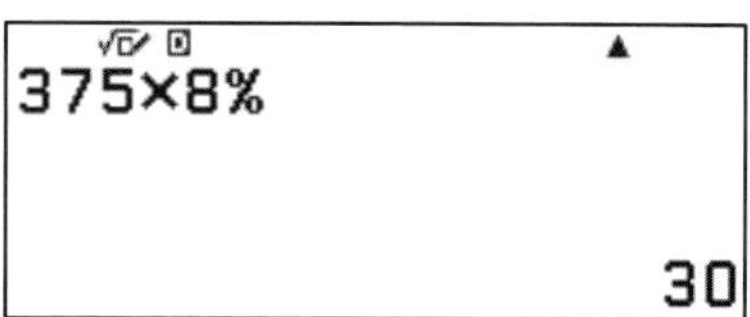

Berechne den **Prozentsatz** mit den Angaben: $G_w = 120, P_w = 15$

Wir geben ein:

$$p\% = \frac{P_w}{G_w} = \frac{15}{120} = \frac{1}{8} = 0{,}125$$

Mit **FORMAT** stellen wir auf **Dezimal** um und können den Prozentsatz ablesen.

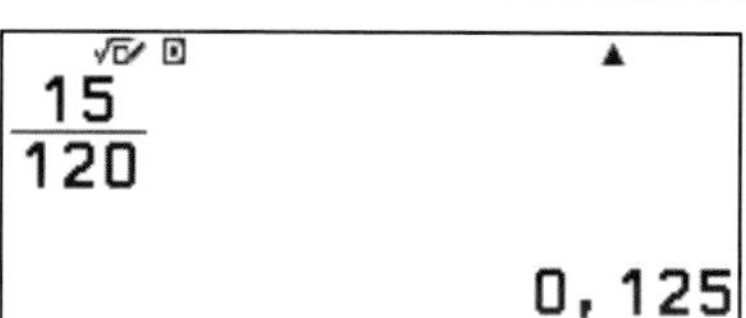

Berechne den **Grundwert** mit den Angaben: $P_w = 28,\ p\% = 5\%$

Wir geben als Bruch ein:

$$G_w = \frac{P_w}{p\%} = \frac{28}{\frac{5}{100}} = 560$$

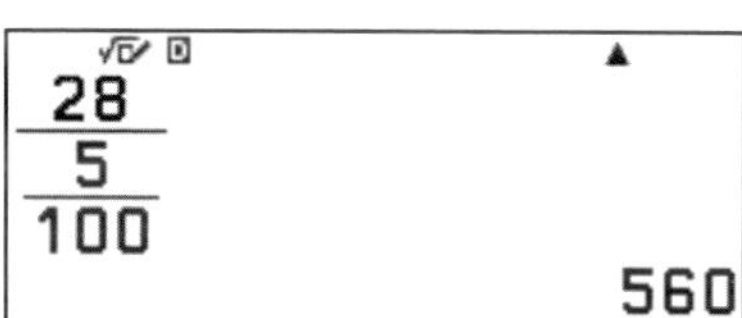

oder mit **%** über **CATALOG** :

$$G_w = \frac{P_w}{p\%} = \frac{28}{5\%} = 560$$

2.4 Wurzeln

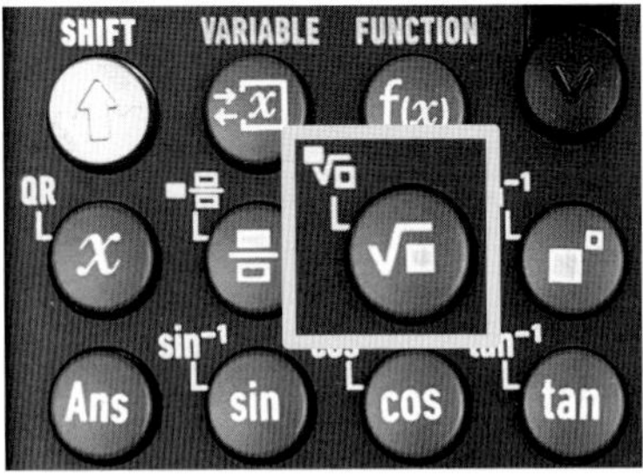

Für die **Quadratwurzel** (√■) gibt es eine eigene Taste.

Mit **SHIFT** (⇧) **+ Wurzel** (√■) können wir die n-te Wurzel berechnen.

> **Achtung!**
>
> Die Wurzel-Taste immer zuerst drücken und anschließend den Radikanden eingeben!

Wir berechnen:

$$\sqrt{18} = 3\sqrt{2}$$

Im Standardmodus versucht der Rechner das Ergebnis weiterhin als Wurzelterm zu vereinfachen.

Mit der Taste **FORMAT** (FORMAT) erhalten wir eine dezimale Darstellung.

Wir berechnen eine 3-te Wurzel, indem wir das Formelzeichen mit **SHIFT + Wurzel** eingeben:

$$\sqrt[3]{27} = 3$$

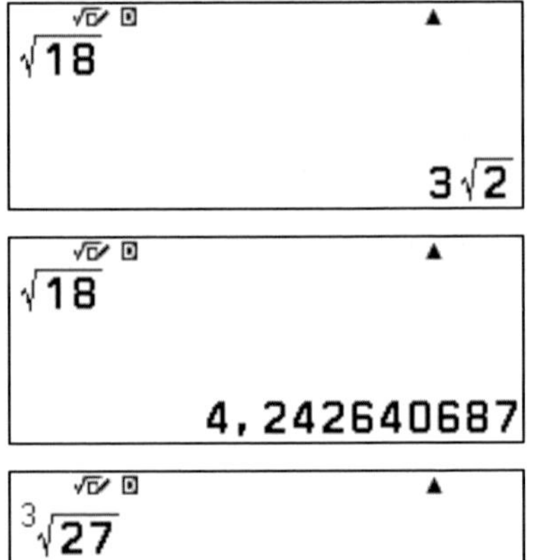

2.5 Potenzen

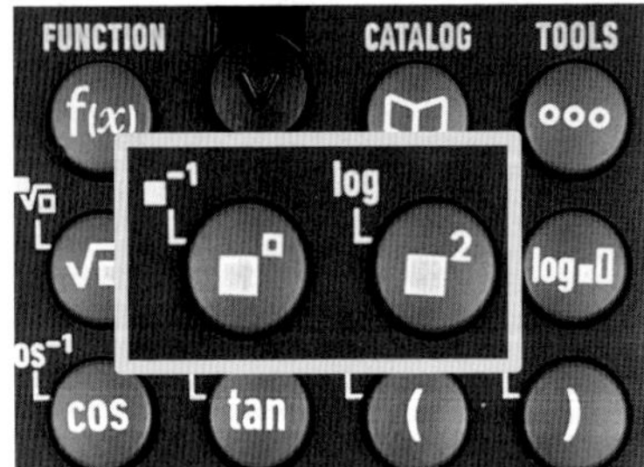

Für Potenzen steht eine Taste für das häufig benötigte **Quadrat** (■²) sowie eine weitere Taste für eine **Potenz mit beliebigem Exponenten** (■□) zur Verfügung.

Wir geben immer zuerst die Basis der Potenz ein und drücken anschließend die Taste für die Potenz.

Wir berechnen:

$$5^2 = 25$$

$$3^5 = 243$$

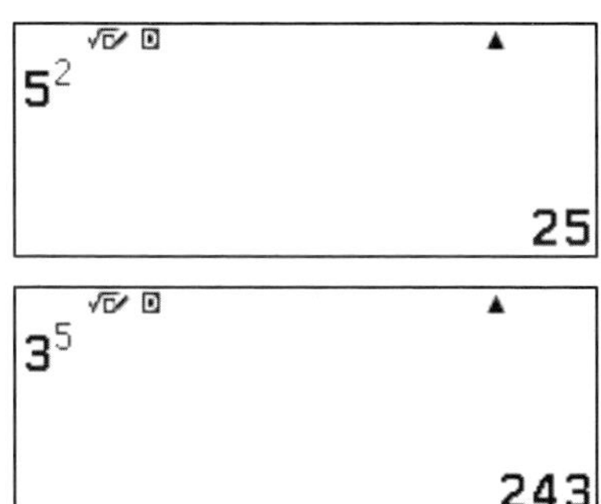

2.6 e-Funktion und Logarithmus

e-Funktion

Die Eulersche-Zahl e kann über **SHIFT (⬆) + 8** eingefügt werden.

e^x kann auf diese Weise auch als Funktion gespeichert werden.

Wir berechnen:

$$e^{ln(e)} = e \approx 2{,}718$$

$e^{\ln(e)}$

2,718281828

Logarithmus

Der Logarithmus zu einer beliebigen Basis kann mit einer eigenen Taste (log▪□) eingegeben werden. Der natürliche Logarithmus (zur Basis e) und der Zehnerlogarithmus (zur Basis 10) werden über

log = SHIFT (⬆) + QUADRAT (▪²)

ln = SHIFT (⬆) + log$_a$b (log▪□)

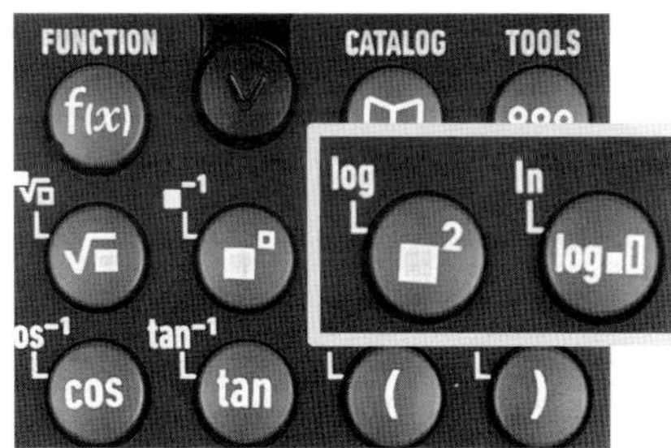

Wir berechnen: $\log_5(125) = 3$

2.7 Trigonometrische Funktionen sin, cos, tan

Die trigonometrischen Funktionen $sin()$, $cos()$ und $tan()$ sowie deren Inverse sind auf der Tastatur abgebildet.

Weitere Funktionen findet man über **CATALOG** (⊕) unter dem Eintrag **Hyperbol. /Trig**.

Achtung!

Bei den trigonometrischen Funktionen muss immer die Winkeleinstellung beachtet werden. Diese können wir unter **SETTINGS** (⊜) prüfen. **Insbesondere bei den inversen trigonometrischen Funktionen muss man die Winkeleinstellung kennen!**

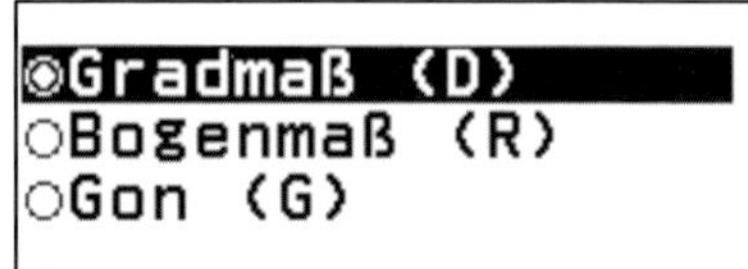

Beispiel

Wir püfen die Winkeleinstellung durch eine einfache Berechnung:

- $sin(90°) = 1$ im Gradmaß

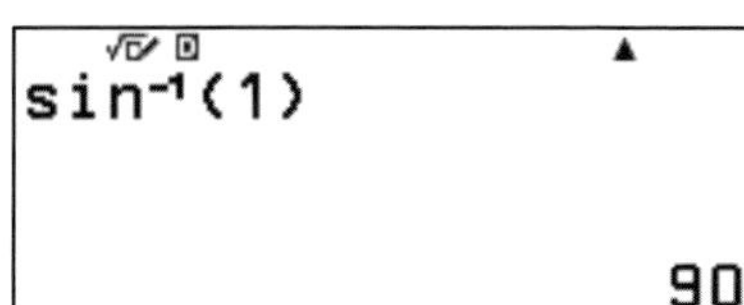

Winkeleinheit **Gradmaß eingestellt**

- $sin\left(\frac{\pi}{2}\right) = 1$ im Bogenmaß

Daher prüfen wir das Inverse und geben ein:

$$sin^{-1}(1)$$

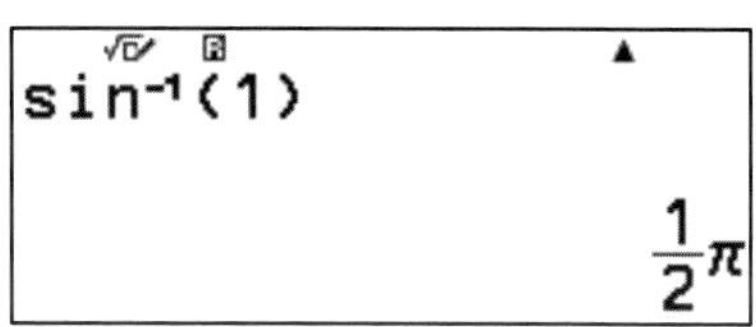

Winkeleinheit **Bogenmaß eingestellt**

2.8 Weitere versteckte Funktionen (CATALOG)

2.8.1 Fakultät

Das Ausrufezeichen für die Funktion **Fakultät** finden wir unter:

CATALOG (📖) **+ Wahrscheinlichk.**

Gib zunächst den zu berechnenden Wert ein und füge dann das Zeichen für die Fakultät ein!

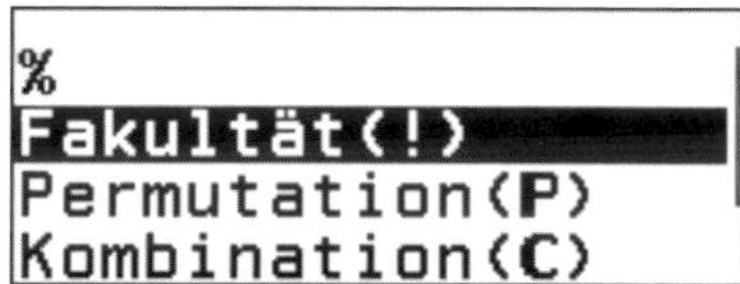

$$5! = 1 \cdot 2 \cdot 3 \cdot 4 \cdot 5 = 120$$

2.8.2 Kombinationen / Permutationen

Kombinationen

Zur Bestimmung der Kombinationen in der Wahrscheinlichkeitsrechnung finden wir die Funktion **nCr** unter:

CATALOG (📖) **+ Wahrscheinlichk.**

Die Anzahl der Möglichkeiten, 2 aus 5 auszuwählen: $5C2 = 10$

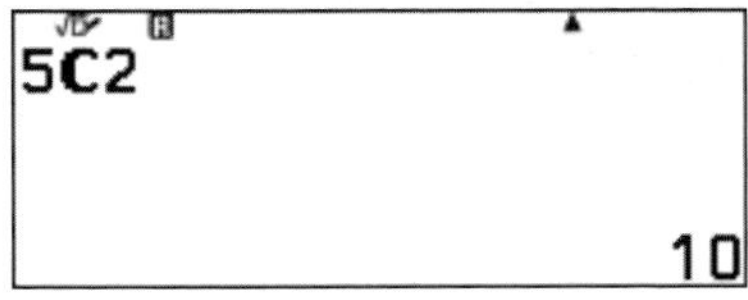

Gib zuerst die erste Zahl ein und wähle dann aus dem **CATALOG** die Funktion **Kombination** aus.

Permutationen

Zur Bestimmung der Permutationen (Kombinationen mit Berücksichtigung der Reihenfolge) finden wir die Funktion **nPr** unter:

CATALOG + Wahrscheinlichk.

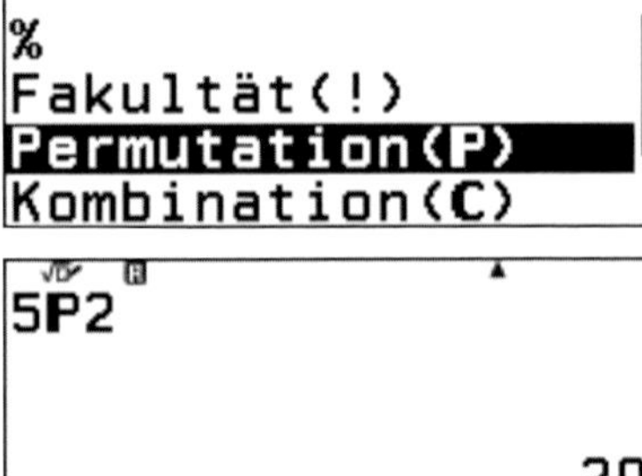

Die Anzahl der Möglichkeiten, 2 aus 5 auszuwählen mit Beachtung der Reihenfolge: $5P2 = 20$

2.8.3 Einzelne Zufallszahlen abrufen

CATALOG + Wahrscheinlichk.

Wir können einzelne Zufallszahlen abrufen. Dabei haben wir zwei Möglichkeiten:

- Zufallszahl: (0..1)
- Ganzzahlige Zufallszahl: eigener Bereich, **mit Semikolon getrennt**

Funktionsanalyse▸
Wahrscheinlichk.▸
Num. Berechnung ▸
Winkel/Koord/60S▸

Fakultät(!)
Permutation(P)
Kombination(C)
Zufallszahl

Permutation(P)
Kombination(C)
Zufallszahl
Ganz. Zufallszahl

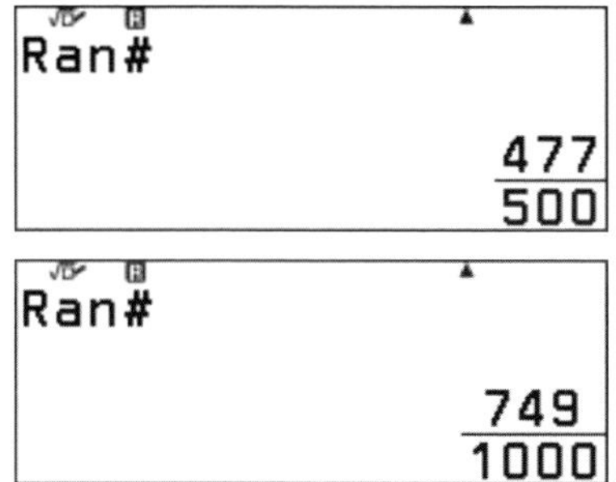

Zufallszahlen zwischen 0 und 1

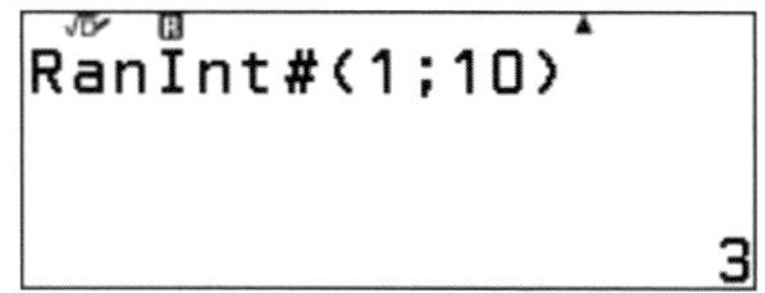

Zufallszahl zwischen 1 und 10

Semikolon = SHIFT +)

2.8.4 Ableitungen und Integrale

Bisher

Die Ableitung einer Funktion an einer bestimmten Stelle oder die numerische Berechnung eines bestimmten Integrals war beim Vorgängermodell von CASIO, dem **CASIO FX-991DE X**, über eine eigene Taste zugänglich.

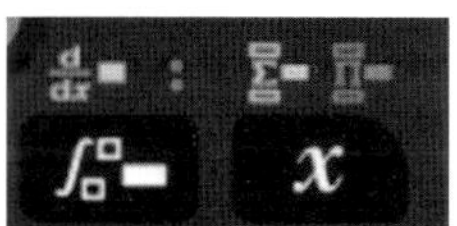

Integral und Ableitung beim Modell CASIO fx-991DE X

CASIO fx-991DE CW / fx-87DE-CW

Jetzt finden wir diese Funktionen im Berechnungsmodus über die **CATALOG-Taste:**

CATALOG ⓑ + Funktionsanalyse

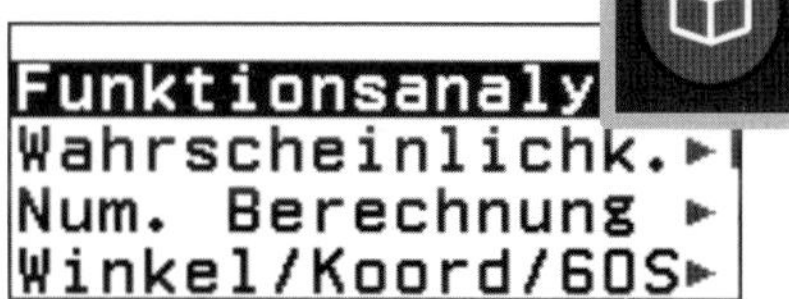

2.8.5 Summenbildung / Produktbildung

CATALOG

Die **Summen-** und **Produktformel** finden wir unter:

CATALOG + Funktionsanalyse

Funktionsanaly
Wahrscheinlichk. ▸
Num. Berechnung ▸
Winkel/Koord/60S ▸

Ableitung(d/dx)
Integration(∫)
Summation(Σ)
Produkt(Π)

Wir berechnen:

$$\sum_{x=1}^{10} x = 1 + 2 + \cdots + 10 = 55$$

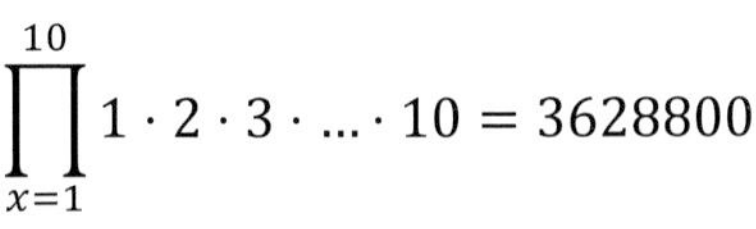

$$\prod_{x=1}^{10} 1 \cdot 2 \cdot 3 \cdot \ldots \cdot 10 = 3628800$$

$\sum_{x=1}^{10}(x)$ 55

Summenformel

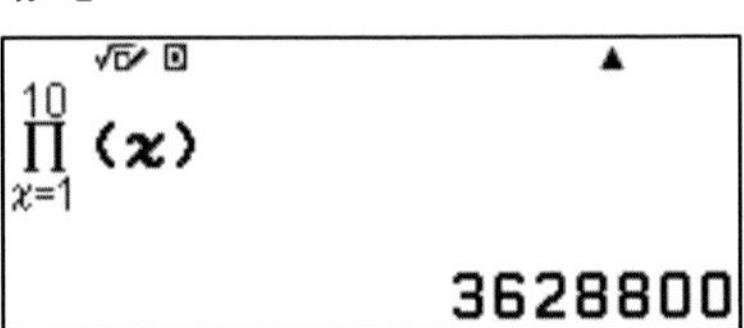

$\prod_{x=1}^{10}(x)$ 3628800

Produktformel

2.8.6 ggT - Größter gemeinsamer Teiler

Die Funktion für den **größten gemeinsamen Teiler (ggT)** zweier Zahlen finden wir unter:

CATALOG + Num. Berechnung

Beachte, dass die beiden Zahlen mit Semikolon getrennt werden müssen!

Funktionsanalyse ▸
Wahrscheinlichk. ▸
Num. Berechnung ▸
Winkel/Koord/60S ▸

ggT
kgV
Absolutwert
Periodendarstell.

ggT: GCD = greatest common divisor

GCD(120;90)
30

Der ggT von 120 und 90 ist 30.

2.8.7 kgV – kleinstes gemeinsames Vielfaches

Die Funktion für das **kleinste gemeinsame Vielfache (kgV)** zweier Zahlen finden wir unter:

CATALOG ⓑ **+ Num. Berechnung**

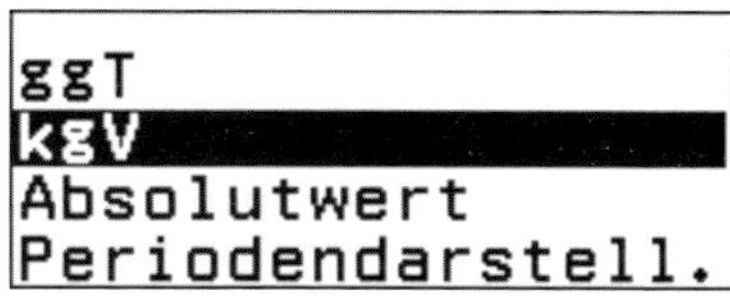

Beachte, dass die beiden Zahlen mit Semikolon getrennt werden müssen!

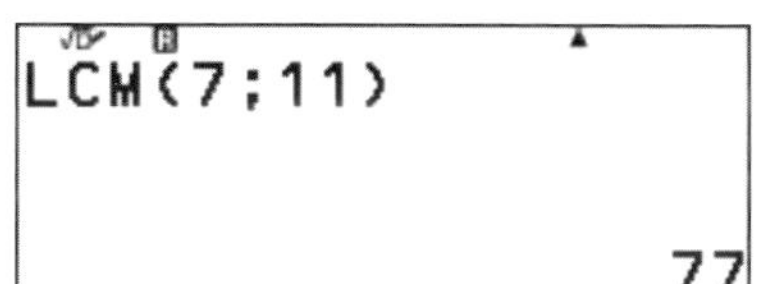

kgV: LCM = least common multiple

Das kgV von zwei Primzahlen ist deren Produkt.

Das kgV von zwei 12 und 18 ist 36.

2.8.8 Primfaktorzerlegung

Die Primfaktorzerlegung verbirgt sich hinter der Taste **FORMAT**, allerdings nur, wenn das angezeigte Ergebnis eine ganze Zahl ist.

Wir geben eine Zahl ein, oder können auch ein ganzzahliges Rechenergebnis umwandeln. Sich wiederholende Faktoren werden als Potenz dargestellt.

$$120 = 2 \cdot 2 \cdot 2 \cdot 3 \cdot 5 = 2^3 \cdot 3 \cdot 5$$

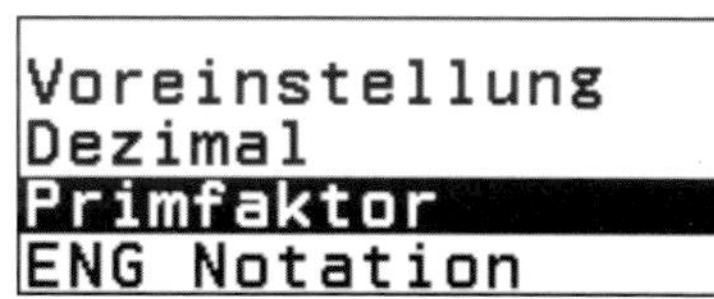

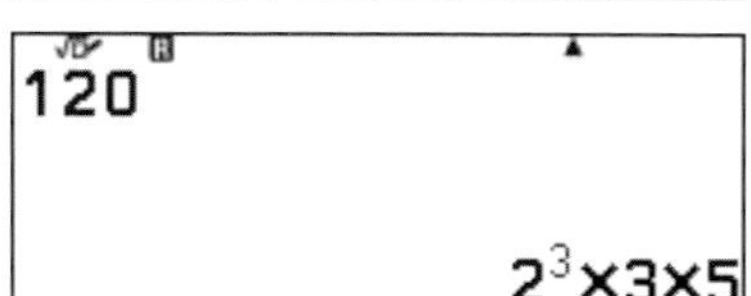

2.8.9 Periodische Darstellung eingeben

Periodische Dezimalbrüche können mit einer Funktion eingegeben werden, die sich unter

CATALOG (📖) **+ Num. Berechnung**

verbirgt.

Gib die Zahl bis zu der Position ein, an welcher die Periode stehen soll.

Wir geben ein: $0{,}\overline{33}$

In der Standarddarstellung wandelt der Rechner die Zahl in einen Bruch um, wenn das möglich ist!

2.8.10 Ganzzahliger Anteil / Division mit Rest

Wie oft passt 27 in 699 und welcher Rest bleibt?

Wir rufen auf:

CATALOG (📖) **+ Funktionsanalyse**

und dort den Punkt **Rechnen mit Rest**.

Anstelle des Geteilt Zeichens rufen wir die Funktion **Rechnen mit Rest** auf.

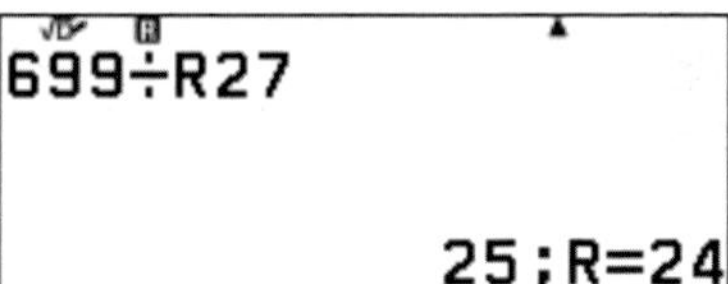

2.8.11 Rundungsfunktionen

Rundungsfunktionen finden wir unter:

CATALOG + Num. Berechnung

Funktionsanalyse ▸
Wahrscheinlichk. ▸
Num. Berechnung ▸
Winkel/Koord/60S ▸

Bei dem Punkt **Rundung** können wir die Anzahl der Stellen hinter dem Komma angeben.

Ganzzahl
Rundung
Größte Ganzzahl
Internes Runden

Rundung Rnd( )

Mit der Funktion **Rundung Rnd( )** rundet der Rechner auf das in den **Einstellungen / Settings** eingestellte Zahlenformat.

Rnd(17÷4)
4,25

Rnd(17÷9)
1,888888889

Für die Periodendarstellung oder Bruchdarstellung des Ergebnisses von 17:9 muss man diese über Format genau auswählen, z. B.

- Periodendarstellung
- Gemischter Bruch

17÷9
$1,\overline{8}$

Periodendarstell.
Unechter Bruch
Gemischter Bruch
ENG Notation

17÷9
$1\frac{8}{9}$

Internes Runden RndFix( )

Mit der Funktion **Internes Runden** können wir die Anzahl der Stellen hinter dem Semikolon an-

Ganzzahl
Rundung
Größte Ganzzahl
Internes Runden

geben, auf die gerundet werden soll.

Achte bei der Eingabe auf das Semikolon!

RndFix(17÷9;3)
1,889

2.8.12 Grad, Minuten und Sekunden (Koordinaten)

Wie viele Stunden, Minuten, Sekunden sind 1,5 h?

Wir geben 1,5 ein und wählen

CATALOG + **Winkel/Koord /60S**.

Funktionsanalyse
Wahrscheinlichk.
Num. Berechnung
Winkel/Koord/60S

Jetzt wählen wir **Grad Min. Sek.**

Gon
Kartes. zu Polar
Polar zu Kartes.
Grad Min. Sek.

Es erscheint zunächst nur die Anzeige 1,5°. Drücken wir noch die Taste **EXE** erfolgt die Umrechnung.

1,5 h =

1 Stunde 30 Minuten 0 Sekunden

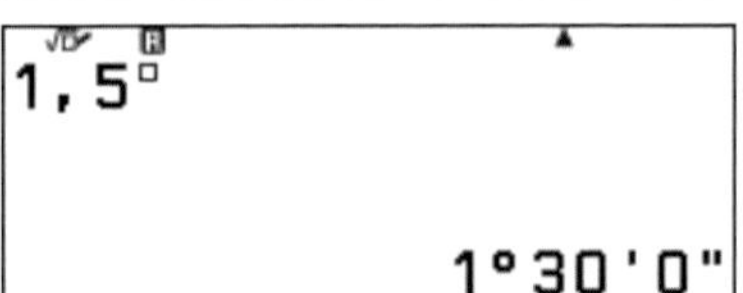

Mit dieser Funktion können wir sehr gut mit Zeitdifferenzen rechnen, da in 60er Einheiten für Minuten und Sekunden gerechnet wird!

Ein Grad / Minuten / Sekunden-Wert wird mit der Taste **SHIFT** und **+** eingegeben. Es erscheint zunächst immer die Grad-Anzeige wie z.B.: **10° 20° 30°**. Erst mit **EXE** wird es umgewandelt in **10° 20' 30"**.

2.8.13 Ingenieur-Symbole / Dezimalpräfixe zum Rechnen

Unter **Ingenieur-Symbolen** bzw. **Dezimalpräfixen** versteht der Rechner Einzelbuchstaben zum Abkürzen von Zehnerpotenzen:

$$Milli = m = \frac{1}{1000} = 10^{-3}$$

$$Mikro = \mu = 10^{-6}$$

$$Nano = n = 10^{-9}$$

$$Piko = p = 10^{-12}$$

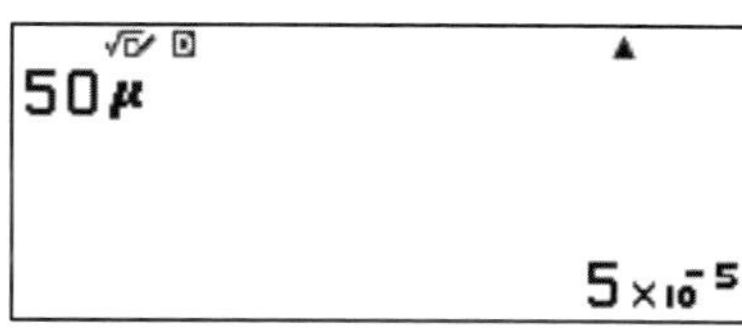

Gib die Zahl ein und anschließend über **CATALOG** + **Dezimalpräfixe** das gewünschte Symbol.

Diese Präfixe können in Berechnungen einbezogen und eingefügt werden. Ebenso kann man damit Einheiten berechnen.

$$50\mu = 50 \cdot 10^{-6} = 5 \cdot 10^{-5} = \frac{1}{20000}$$

3 QR-Code Funktion

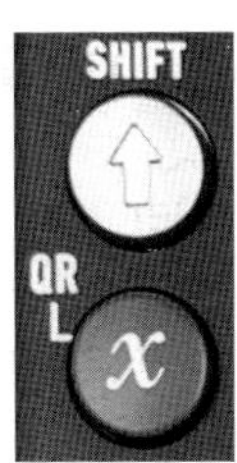

Allgemeine Funktionsweise

Mit Hilfe des QR-Code Generators (über **SHIFT** ⇧ + x) können grafische Darstellungen auf einem Smartphone oder Tablet-Computer dargestellt werden.

Nicht bei jeder Berechnung macht die Anwendung des QR-Generators Sinn. Daher werden wir in den verschiedenen Kapiteln auf diese Funktion hinweisen, wenn sie nützlich erscheint.

Beispiele für QR-Codes zum selbst ausprobieren

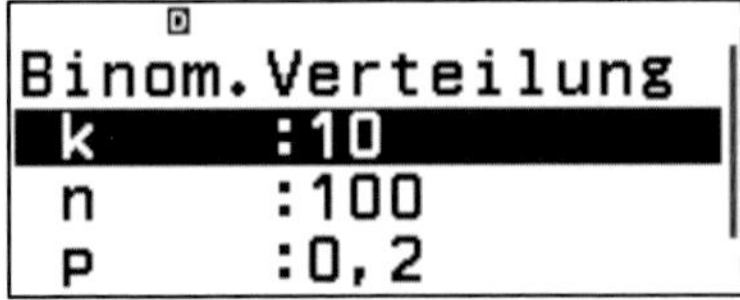

P=
0,00336281996

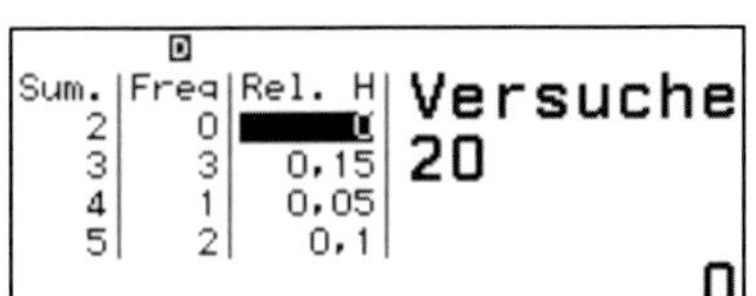

4 Dreisatzaufgaben / Verhältnisgleichungen

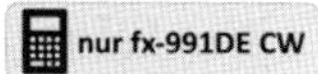

Der Hauptmenüpunkt **Verhältnis** dient der Lösung von Dreisatzaufgaben bzw. Verhältnisgleichungen.

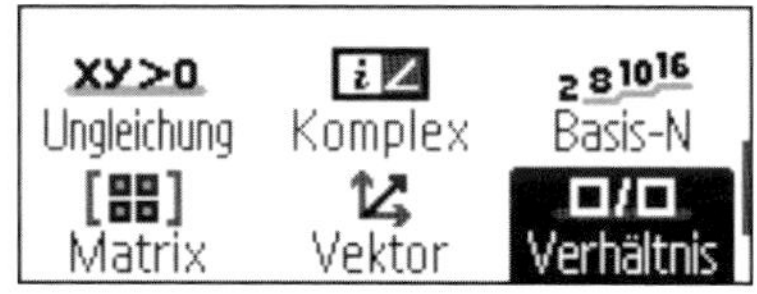

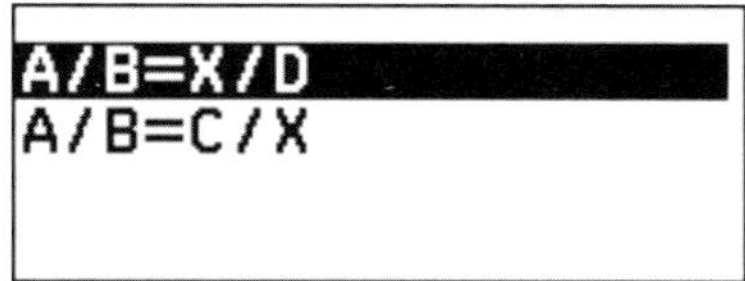

Beispielaufgabe für einen Dreisatz, der über eine Verhältnisgleichung gelöst werden kann:

5 Äpfel kosten 3,50 €. Was kosten 8 Äpfel?

Diese Aufgabe kann über eine Verhältnisgleichung auf zwei Arten dargestellt werden:

$$\frac{3{,}5}{5} = \frac{x}{8} \qquad\qquad \frac{5}{3{,}5} = \frac{8}{x}$$

Im Rechner ist dies die Auswahl **A/B = X/D**

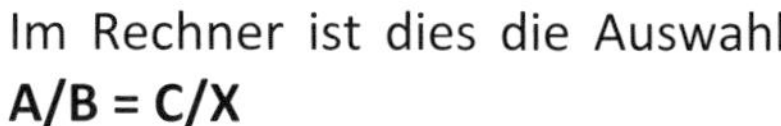

Im Rechner ist dies die Auswahl **A/B = C/X**

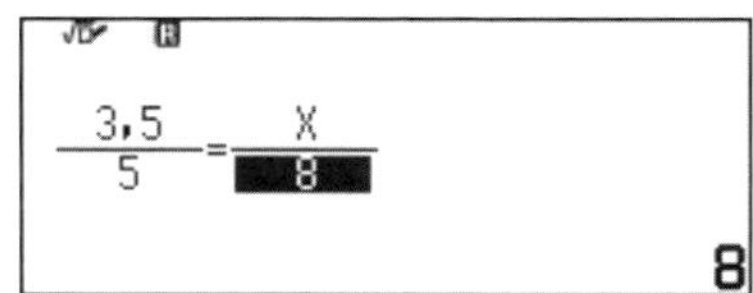

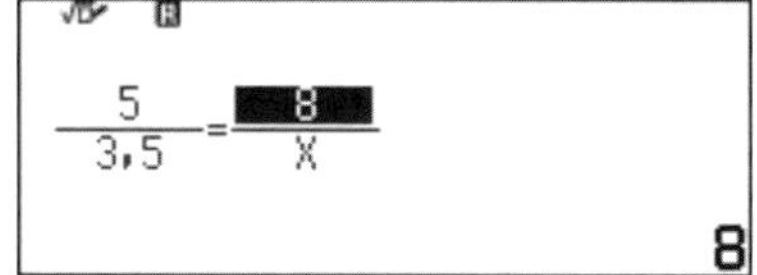

Die Eingabe jeder Zahl schließen wir mit der Taste **EXE** (EXE) ab.

Das Ergebnis können wir je nach Voreinstellung über **FORMAT** in eine andere Darstellungsform überführen.

Die Rechnung ist richtig. Wenn 1 Apfel 0,70 € kostet, dann kosten 8 Äpfel 5,60 €.

5 Gleichungen und Gleichungssysteme lösen

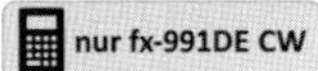

Gleichungen und Gleichungssysteme können über das Hauptmenü **Gleichung** eingegeben und gelöst werden.

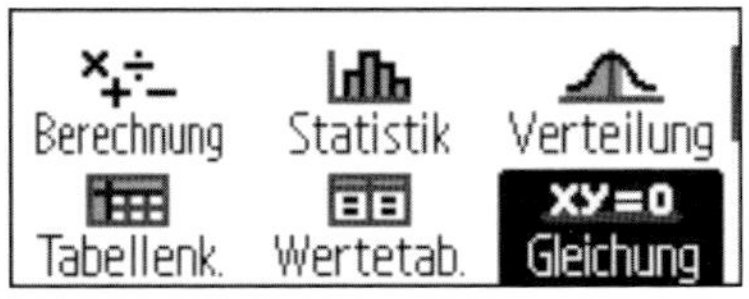

Im Untermenü haben wir die Auswahl:

- Gleichungssysteme
- Polynom-Gleichung
- Allgemeine Lösung

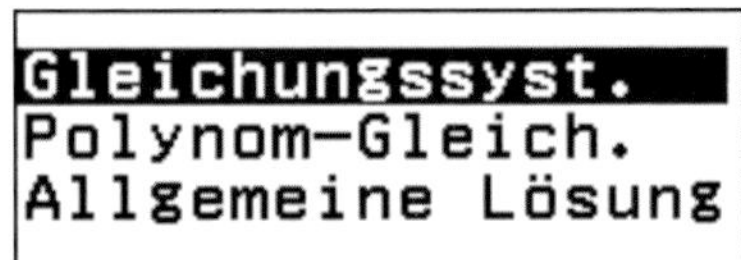

5.1 Gleichungssysteme mit 2 - 4 Unbekannten

5.1.1 Eindeutige Lösung

Wir wechseln in das Menü für Gleichungssysteme und wählen hier exemplarisch 3 als Anzahl von Unbekannten.

Wir lösen das Gleichungssystem mit 3 Unbekannten:

(I) $3x + 5y + 4z = 10$
(II) $2x - y + 5z = -9$
(III) $x + y + z = 3$

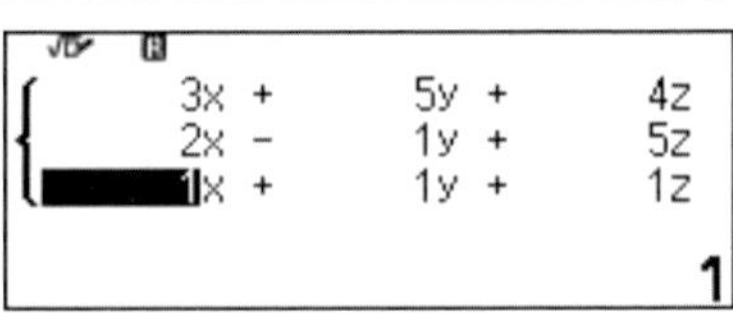

Hierzu geben wir alle Parameter ein und schließen jede Eingabe mit der Taste **EXE** (EXE) ab.

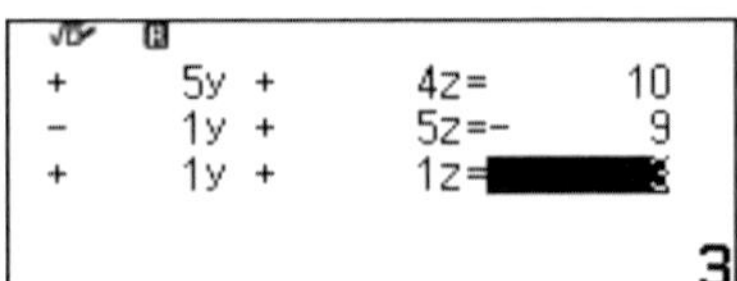

Beachte! Im Display erscheinen zunächst nur die Parameter für x, y, z. Erst nach der Eingabe von z verschiebt sich der Bildschirm!

Nach der letzten Eingabe mit der Taste **EXE** (EXE) erscheint das erste Ergebnis, durch weiteres Drücken der Taste dann die weiteren Ergebnisse.

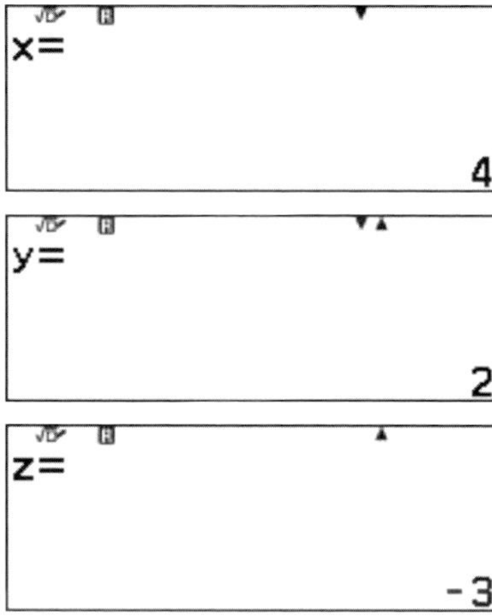

5.1.2 Keine Lösung

Wir probieren es noch einmal mit einem anderen Gleichungssystem. In diesem Fall existiert keine Lösung.

(I) $4x - y + z = 10$
(II) $3x - 3y + 3z = 5$
(III) $-x + y - z = 0$

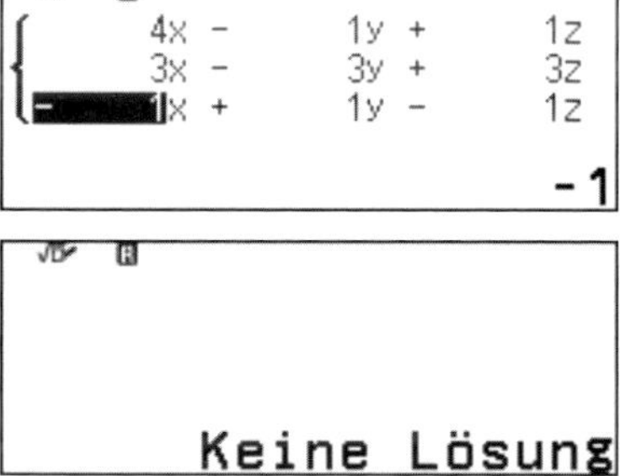

Welches Ergebnis zeigt der Rechner hier an: **Keine Lösung**!

5.1.3 Unendlich viele Lösungen

Manche Gleichungssysteme besitzen unendlich viele Lösungen.

In diesem Falle wird auch das vom Rechner angezeigt.

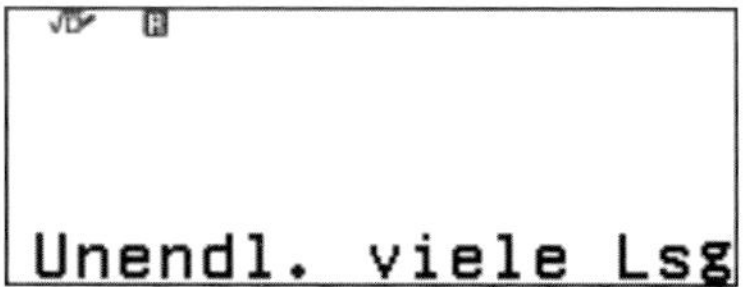

5.2 Polynomgleichungen vom Grad 2 – 4

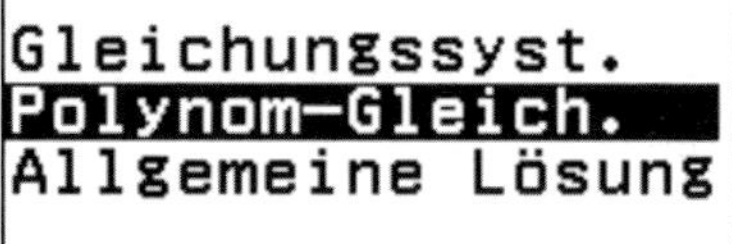

Unter Polynomgleichungen versteht man Gleichungen der Form:

$$a_0 + a_1 \cdot x + a_2 \cdot x^2 + \cdots + a_n \cdot x^n = 0$$

Wobei n den Grad der Gleichung angibt.

ax²+bx+c
ax³+bx²+cx+d
ax⁴+bx³+cx²+dx+e

Der Rechner CASIO FX-991DE CW kann Polynomgleichungen vom Grad 2, 3 oder 4 lösen.

Beachte, dass die Gleichungen in der oben beschriebenen Form eingegeben werden müssen. **Die rechte Seite der Gleichung muss immer gleich null sein!**

5.2.1 Quadratische Gleichungen – Polynomgleichung vom Grad 2

Die quadratische Gleichung

$$4x^2 - 16x + 12 = -4$$

soll gelöst werden.

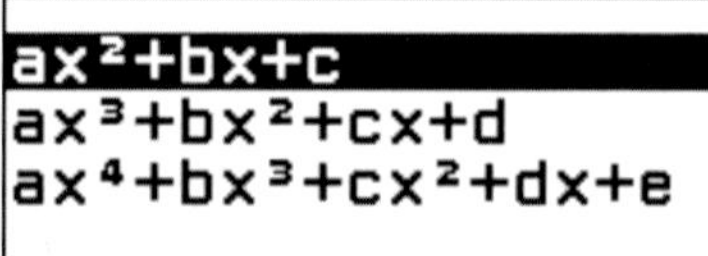

Hierzu wählen wir eine Polynomgleichung vom Grad 2.

Bevor wir die Parameter eingeben können, müssen wir noch auf jeder Seite 4 addieren, um die Gleichung in die richtige Form zu bringen:

$$4x^2 - 16x + 16 = 0$$

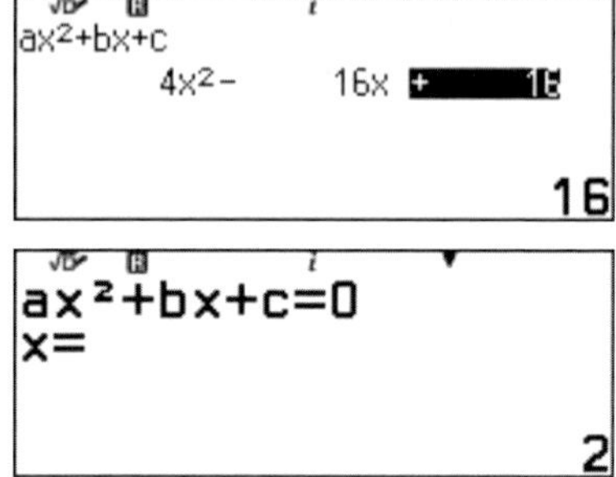

Es erscheint die Lösung $x = 2$. Das ist in unserem Beispiel auch die einzige Lösung, denn die Gleichung lässt sich zum besseren Verständnis auch schreiben als:

$$4 \cdot (x^2 - 4x + 4) = 4 \cdot (x - 2)^2$$

Quadratische Gleichung mit zwei Lösungen

Wir wollen eine andere Gleichung lösen:

$$x^2 - 5x + 6 = 0$$

und geben die Parameter ein.

Es erscheint zunächst die erste Lösung $x_1 = 3$ und nach dem Drücken der **EXE** (EXE) Taste erscheint die zweite Lösung $x_2 = 2$.

Quadratische Gleichungen ohne Lösung

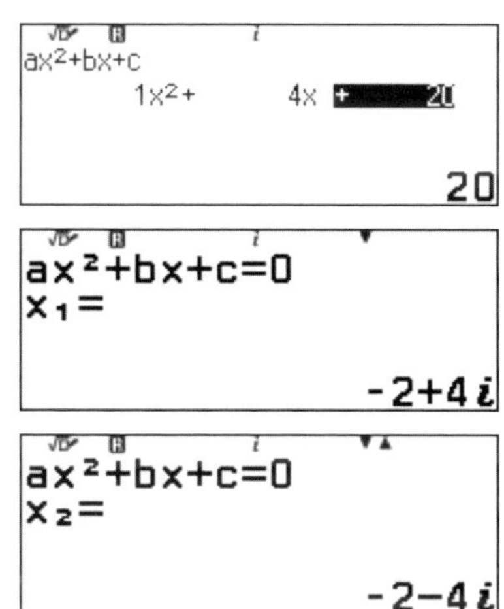

Hat eine quadratische Gleichung keine reelle Lösung, wie z.B. für

$$x^2 + 4x + 20 = 0$$

erscheinen die möglichen Ergebnisse in komplexer Schreibweise.

Rechnet man nur im Zahlenraum der reellen Zahlen (was in den meisten Klassen und Kursen an Schulen der Fall ist), ist das Ergebnis im Falle einer Lösung mit dem Buchstaben i die leere Menge!

5.3 Allgemeine Gleichungen lösen (numerische Näherung)

Gegenüber dem Vorgängermodell CASIO FX-991DE X kann das aktuelle Modell CASIO FX-991DE CW auch allgemeine Gleichungen lösen. Die Lösung erfolgt allerdings im Hintergrund durch Näherungsverfahren und daher muss man bei der Lösung etwas behilflich sein und eine untere Grenze angeben, ab welcher die Lösung „gesucht" wird.

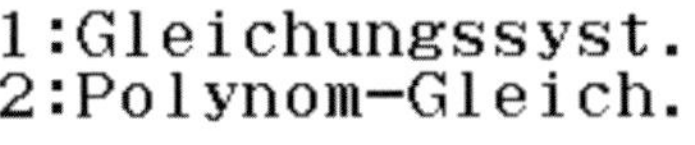

Menüpunkt Gleichungen beim CASIO FX-991DE X

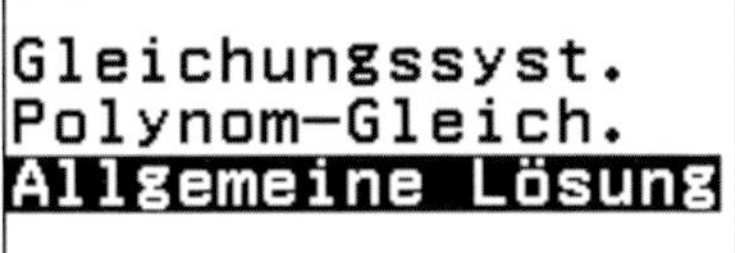

Menüpunkt Gleichungen beim CASIO FX-991DE CM

Wir zeigen die Lösungsmöglichkeit für allgemeine Gleichungen am Beispiel einer Wurzel- und einer Exponentialgleichung.

Wir wollen die Gleichung

$$x^2 + 3\sqrt{x} = 90$$

lösen. Wir erhalten als Lösung $x = 9$.

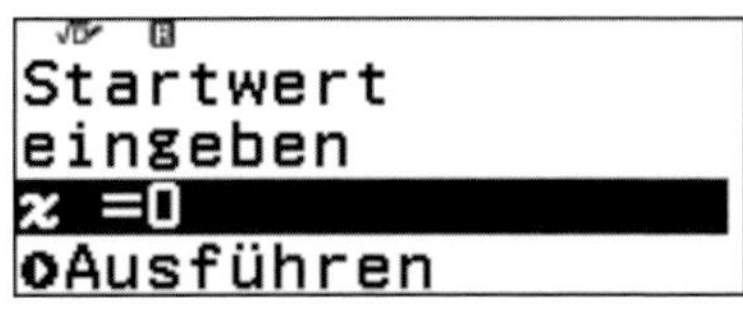

Nach wie vielen Perioden oder Phasen ist ein radioaktives Material auf 1 % seines Ausgangsmaterials zerfallen?
Mit einer Periode ist hier die Halbwertszeit gemeint.

Zu dieser Aufgabenstellung passt die folgende Gleichung:

$$0{,}01 = \left(\frac{1}{2}\right)^x$$

Diese lösen wir numerisch auf die gleiche Art und Weise.

Nach 6,64 Halbwertszeiten ist ein Material auf etwa 1 % seines ursprünglichen Materials zerfallen.

$0{,}01=\left(\frac{1}{2}\right)^x$

Startwert
eingeben
x =0
Ausführen

$0{,}01=\left(\frac{1}{2}\right)^x$
x= 6,64385619
L−R= 0

Alternative Lösung dieser Aufgabe

Kennt man die Logarithmen Gesetze und deren Anwendung, kann man die Gleichung auch umstellen und sehr schnell im Berechnungsfenster lösen:

$$0{,}01 = 2^{-x}$$

$$x = -\log_2 0{,}01 = 6{,}64\ldots$$

$-\log_2(0{,}01)$
6,64385619

6 Ungleichungen 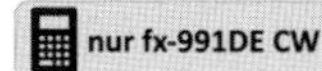

Unter dem Hauptmenüpunkt **Ungleichungen** können wir Polynomungleichungen vom Grad 2 bis 4 lösen.

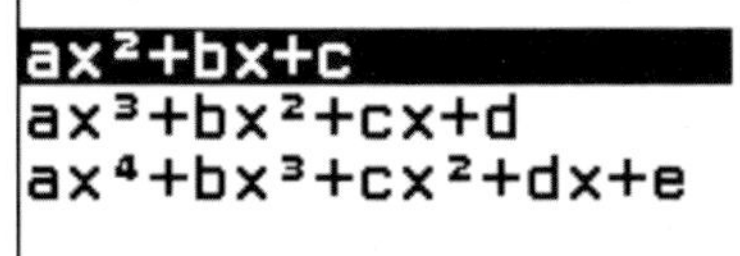

Die Vorgehensweise ist analog zu den Polynomgleichungen.

Wir wählen zunächst den Grad aus und anschließend den Typ der Ungleichung:

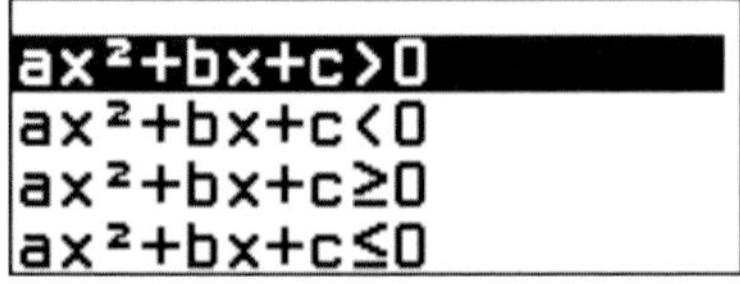

- größer
- kleiner
- größer oder gleich null
- kleiner oder gleich null

Die Eingabe und Lösung erfolgt wie bei den Polynomgleichungen. Daher verzichten wir hier auf weitere Beispiele.

7 Rechnen in verschiedenen Zahlensystemen: Basis -N

Im Hauptmenü finden wir den Menüpunkt **Basis-N**. An dieser Stelle können wir das Zahlensystem auswählen, in welchem wir Rechnungen ausführen. Die folgenden Zahlensysteme können ausgewählt werden:

- Dezimalsystem (Standard)
- Binär- / Zweiersystem
- Oktal- / Achtersystem
- Hexadezimalsystem

7.1 Einstellung des Zahlensystems

Wir wählen im Hauptmenü **Basis-N** aus. Mit der Taste **FORMAT** wechseln wir zwischen den einzelnen Zahlensystemen.

```
[Dezimal]

 [FORMAT] drücken,
 um Format zu änd.
```

An der Stelle des nun blinkenden Cursors kann die Rechenaufgabe eingegeben werden.

```
[Hexadezimal]

 [FORMAT] drücken,
 um Format zu änd.
```

```
[Binär]

 [FORMAT] drücken,
 um Format zu änd.
```

```
[Oktal]

 [FORMAT] drücken,
 um Format zu änd.
```

7.2 Rechnen in einem neuen Zahlensystem

Rechnen wir z.B. im Zweiersystem, dürfen wir Zahlen auch nur mit Einsen und Nullen eingeben. Die Aufgabe $2 + 3$ führt daher zu einem Fehler:

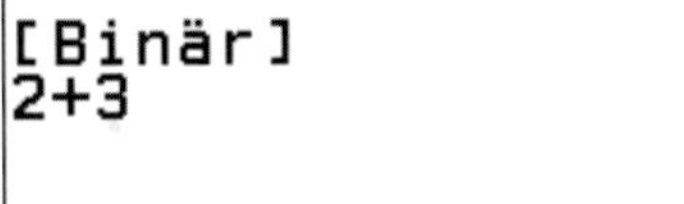

Syntaxfehler

Zurück

Die Aufgabe $2 + 3$ aus dem Zehnersystem lautet im Binärsystem:

$$10 + 11 = 101$$

[Binär]
10+11
0000 0000 0000 0000
0000 0000 0000 0101

Das Ergebnis im Binärsystem wird mit Nullen aufgefüllt.

$$2 = 1 \cdot 2^1 + 0 \cdot 2^0$$

$$3 = 1 \cdot 2^1 + 1 \cdot 2^0$$

Ein weiteres Beispiel im Hexadezimalsystem

[Hexadezimal]
1A+43
0000005D

Zehnersystem:

26 + 67 = 93

Hexadezimalsystem:

$$26 = 1 \cdot 16^1 + 10 \cdot 16^0 = 1A$$

$$67 = 4 \cdot 16^1 + 3 \cdot 16^0 = 43$$

$$93 = 5 \cdot 16^1 + 13 \cdot 16^0 = 5D$$

1A +43 = 5D

7.3 Umrechnungen zwischen verschiedenen Zahlensystemen

Mit der Taste **FORMAT** kann ein Rechenergebnis oder ein einzelne zahl aus einem Zahlensystem direkt in das andere Zahlensystem umgerechnet werden.

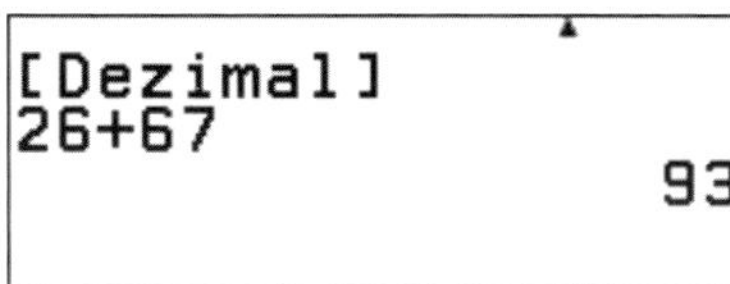


```
[Hexadezimal]
26+67
        0000005D
```

```
[Binär]
26+67
 0000 0000 0000 0000
 0000 0000 0101 1101
```

Die Zahl 100 dezimal in verschiedenen Zahlensystemen:

$$100 = 64 + 32 + 4 =$$

$$1 \cdot 2^6 + 1 \cdot 2^5 + 0 \cdot 2^4 + 0 \cdot 2^3 + 1 \cdot 2^2 + 0 \cdot 2^1 + 0 \cdot 2^0 = 1100100$$

```
[Binär]
100
 0000 0000 0000 0000
 0000 0000 0110 0100
```

$$100 = 96 + 4 = 6 \cdot 16^1 + 4 \cdot 16^0 = 64$$

```
[Hexadezimal]
100
        00000064
```

$$100 = 64 + 32 + 4 = 1 \cdot 8^2 + 4 \cdot 8^1 + 4 \cdot 8^0 = 144$$

```
[Oktal]
100
     00000000144
```

8 Wertetabellen

Unter dem Hauptmenüpunkt **Wertetabellen** können wir Wertetabellen für bis zu zwei Funktionen erstellen. Diese können bereits vorab über die Taste **FUNCTION** (f(x)) festgelegt werden oder erst beim Aufruf der Funktion Wertetabelle.

Sind noch keine Funktionen festgelegt, erscheint in der Anzeige noch der Text: **f(x) / g(x): Keine**.

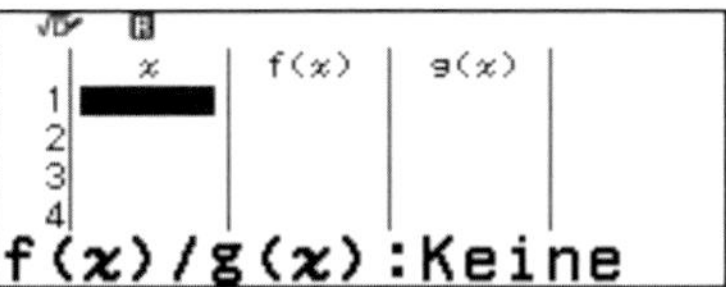

In der Anwendung **Wertetabelle** liefert die Taste **TOOLS** (ooo) besondere weitere Einstellmöglichkeiten, insbesondere da die Wertetabelle beim erstmaligen Aufruf leer ist!

Einstellungen auf der ersten Seite bei Drücken der Taste **TOOLS** (ooo).

f(x)/g(x) defin.
Tabellentyp
Editieren
Neu berechnen

Auf der zweiten Seite nur noch der Eintrag „**Neu berechnen**"

Tabellenbereich

Definition des x-Bereichs mit:

- Startwert
- Endwert
- Schrittweite (Inkrement)

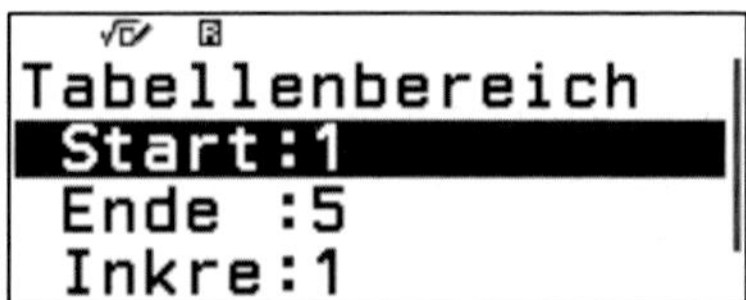

f(x)/g(x) defin.

Hier werden die Funktionsterme hinterlegt.

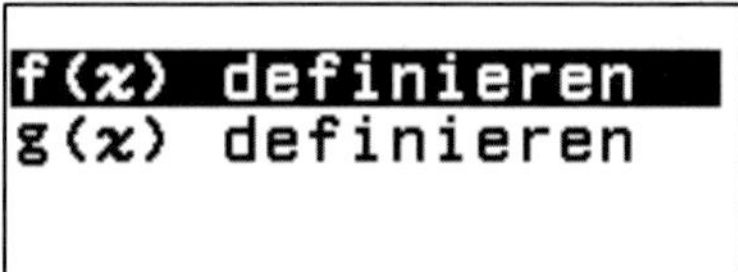

Tabellentyp

Auswahl der Anzeige:

- beide Funktionen
- nur eine von beiden

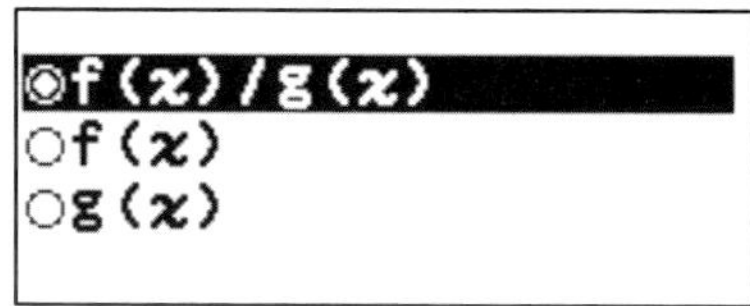

Editieren

- Zeile einfügen
- Alles löschen

Neu berechnen

Aktualisiert direkt die Tabellen.

Beispiel einer Wertetabelle für eine Funktion

Wir wollen eine Wertetabelle für die Funktion $f(x) = x^3 - x$ im Wertebereich von x = -2 bis 2 und einer Schrittweite von 0,1 erstellen. Dadurch ergeben sich 41 Zeilen!

> **Achtung!**
>
> Bei der Auswahl **nur einer Funktion** über **TOOLS** (○○○) / **Tabellentyp** können **45 Zeilen** angezeigt werden. Bei zwei Funktionen können nur 30 Zeilen angezeigt werden!

Wir definieren zunächst die Funktion unter **f(x)/g(x) defin.**:

$$f(x) = x^3 - x$$

Unter **Tabellentyp** wählen wir nur: $f(x)$

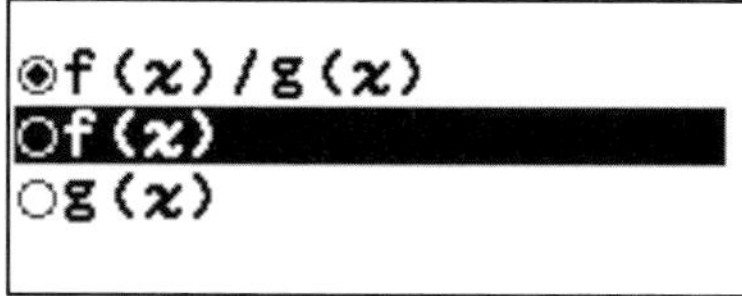

Wir legen den **Tabellenbereich** fest:

- Start: -2
- Ende: 2
- Inkrement: 0,1

```
Tabellenbereich
 Start:-2
 Ende :2
 Inkre:0,1
```

```
Tabellenbereich
 Ende :2
 Inkre:0,1
▸Ausführen
```

Wir blättern durch die Tabelle und erkennen lokale Minima, Maxima sowie Nullstellen:

- Maximum bei: -0,6
- Nullstelle bei: 0
- Minimum bei: 0,6

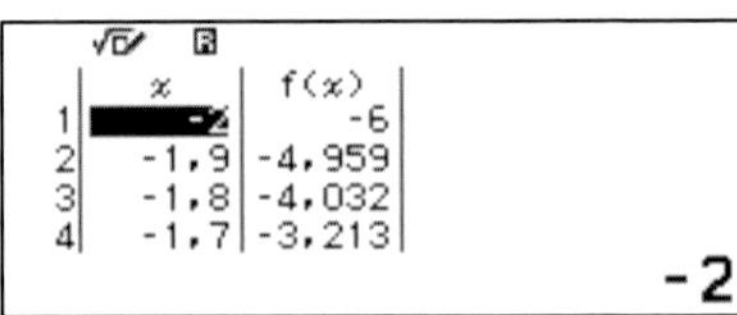

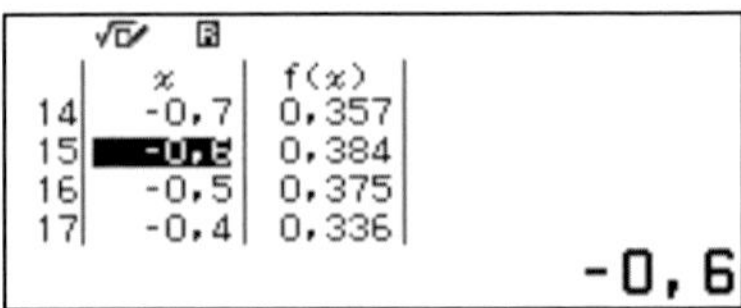

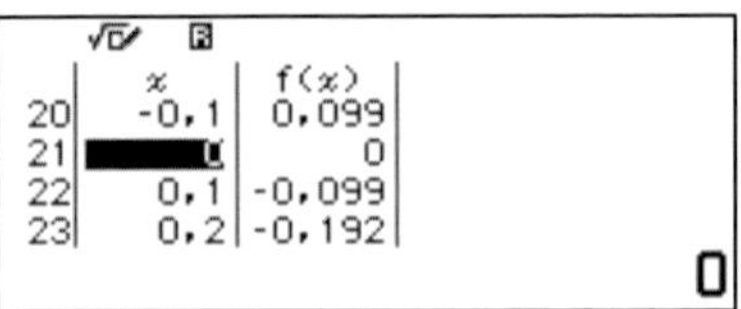

	x	f(x)
26	0,5	-0,375
27	0,6	-0,384
28	0,7	-0,357
29	0,8	-0,288

0,6

Wertetabelle grafisch darstellen

Wertetabellen können sehr gut über die QR-Code Funktion veranschaulicht werden. Liegt eine Funktion zugrunde, wird der Graph der Funktion auch im angegebenen Bereich ganz dargestellt und nicht nur die zu erwartenden Punkte der Wertetabelle!

Wir visualisieren die Wertetabelle aus dem Beispiel mit einem QR-Code, den wir mit einem Smartphone oder Tablet-Computer einscannen.

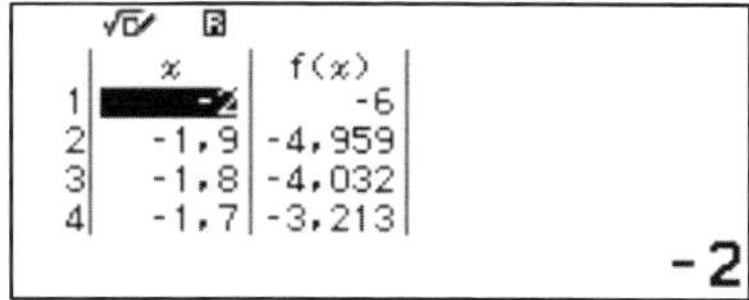

	x	f(x)
1	-2	-6
2	-1,9	-4,959
3	-1,8	-4,032
4	-1,7	-3,213

-2

QR-Code: SHIFT + x

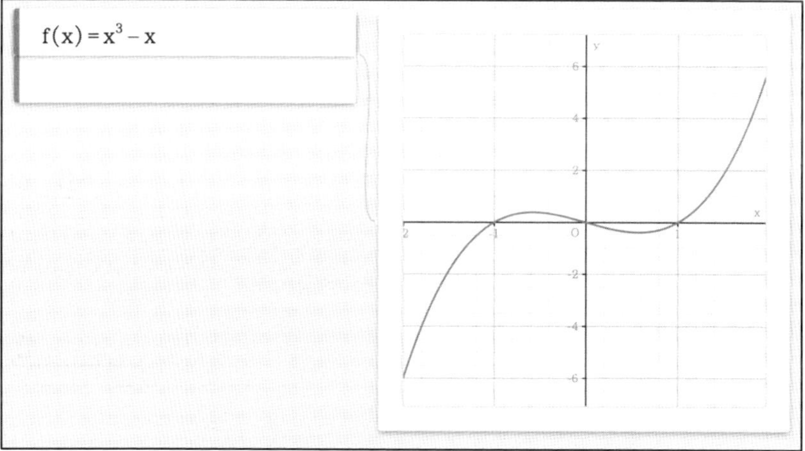

Visualisierung der Wertetabelle mit QR-Code

9 Statistik - Wahrscheinlichkeitsrechnung

9.1 Stichproben / Mittelwert / Standardabweichung

Wir wählen im Hauptmenü HOME **Statistik** aus. Zur Eingabe einer Liste von einzelnen Werten wählen wir **1-Variable** aus.

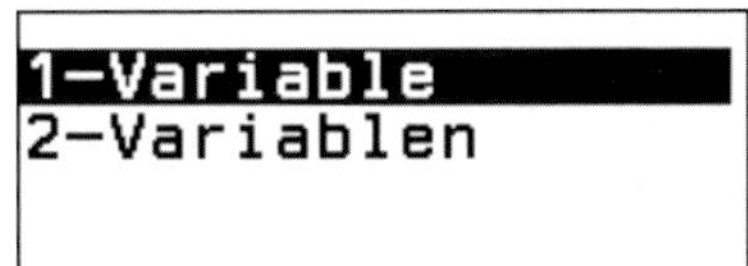

Bei Zufallsgrößen mit einer bestimmten Wahrscheinlichkeit je Wert müssen wir im Setup noch die Häufigkeit einstellen, siehe nächstes Kapitel.

Wir geben die folgenden neun Werte ein:

30, 29, 31, 33, 29, 30, 30, 32, 29

Anschließend wollen wir die statistischen Kenngrößen berechnen. Die Eingabe in der Tabelle schließen wir ab, indem wir den letzten Wert leer lassen und die **EXE** (EXE) Taste drücken.

Mit **1-Var Ergebnisse** erhalten wir viele statistische Kenngrößen:

x̄ =30,33333333
Σx =273
Σx² =8297
σ²x =1,777777778
σx =1,333333333
s²x =2

sx =1,414213562
n =9
min(x) =29
Q1 =29
Med =30
Q3 =31,5

max(x) =33

Mittelwert: $\bar{x} = 30{,}33..$

Summe aller Werte: $\sum x = 273$

Varianz: $\sigma^2 x = 1{,}77..$

Standardabweichung: $\sigma x = 1{,}33..$

Mit der Pfeiltaste kann man nach unten blättern, um weitere statistische Werte zu erhalten.

9.2 Relative Häufigkeiten / Wahrscheinlichkeitsverteilung

9.2.1 Einstellungen über TOOLS

Befinden wir uns bereits in der Tabelle zur Eingabe der einzelnen Werte, drücken wir die Taste **TOOLS,** um die Option zur Häufigkeit einzustellen.

Wir wählen **Häufigkeit** aus und schalten diese **Ein**.

Mit der Taste **AC** gelangen wir in die Tabelle zurück, in welcher jetzt die zusätzliche Spalte **Freq** erscheint.

9.2.2 Eine Aufgabe mit Zufallsgrößen

Die Zufallsgröße X gibt den Gewinn in Euro bei einem Glücksspiel mit einem Einsatz von 1,00 € an. In der Tabelle ist die Wahrscheinlichkeitsverteilung dargestellt.

Gewinn	-1	0	1	4
P(X)	0,6	0,2	0,15	0,05

Wir berechnen den Erwartungswert und die Standardabweichung.

Dazu starten wir wieder mit **Statistik** im Hauptmenü und wählen **1-Variable**.

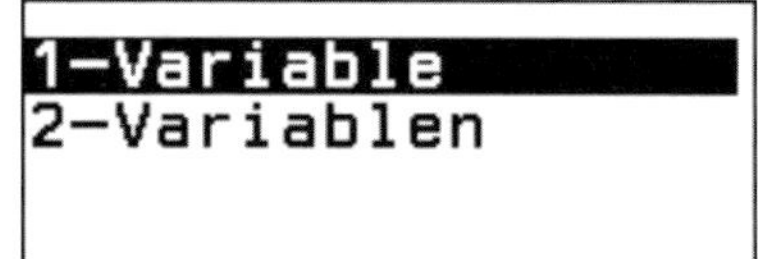

Wir geben die Werte mit den Häufigkeiten in die Tabelle ein. Die Eingabe schließen wir mit der Taste **EXE** ab und wählen **1-Var Ergebnisse** für die Anzeige der Kenngrößen.

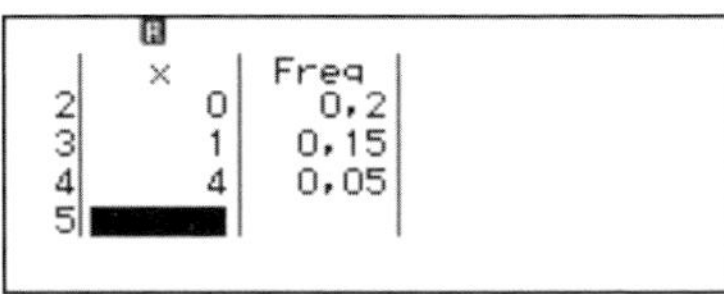

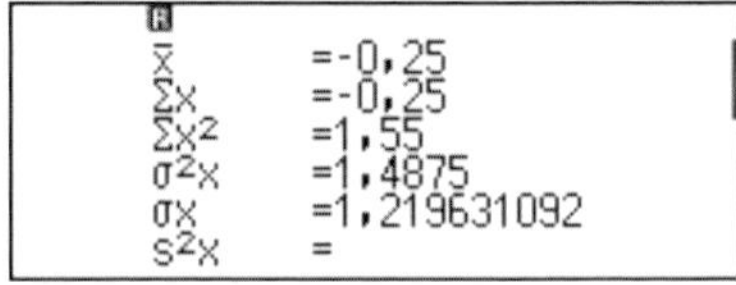

10 Tabellenkalkulation

Den Hauptmenüpunkt Tabellenkalkulation verwendet man hauptsächlich dazu, um Formeln in Zellen einzutragen und um anschließend diese grafisch darzustellen.

10.1 Würfelspiel simulieren

Wir wählen dieses Beispiel, um eine grundlegende Möglichkeit in der Tabellenkalkulation darzustellen. Inzwischen kann man für die Simulation von Würfelspielen auch den Hauptmenüpunkt **Mathebox** verwenden. **Die maximale Anzahl an Zeilen, die eingegeben werden können, beträgt 45.** Andernfalls erscheint die Fehlermeldung **„Bereichsfehler“.**

Wir simulieren das 40-malige Werfen eines 6-seitigen Würfels.

Dazu wählen wir im Hauptmenü den Punkt **Tabellenk.** aus. Es erscheint nun eine Tabellenansicht. Die Zeilen sind durchnummeriert und die Spalten sind

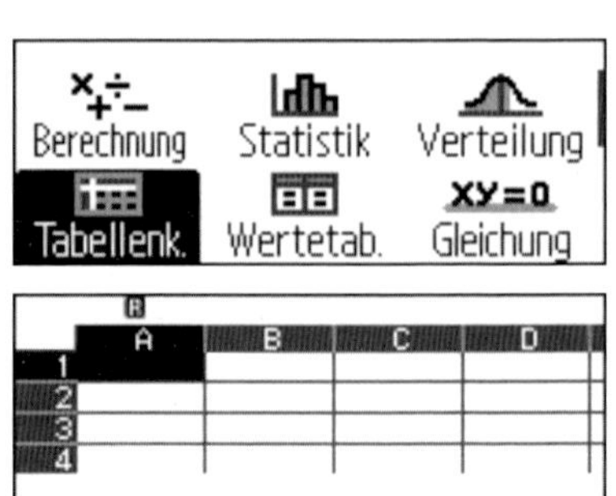

mit großen Buchstaben bezeichnet.

Zu den Optionen gelangen wir mit der Taste **TOOLS**.

Wir wählen „**Mit Formel füllen**".

```
Mit Formel füllen
Mit Wert füllen
Zelle bearbeiten
verfüg. Speicher
```

In diesem Fenster müssen wir die Formel und den Zellenbereich definieren.

```
Mit Formel füllen
Formel=
Zellen:A1:A1
Bestätigen
```

Die Funktion für Zufallszahlen in einem Bereich finden wir, indem wir die **CATALOG** Taste drücken und **Wahrscheinlichk.** auswählen.

```
CATALOG
Tabellenk.
Funktionsanalyse ►
Wahrscheinlichk. ►
Num. Berechnung ►
```

Wir wählen **Ganz. Zufallszahl,** um eine ganzzahlige Zufallszahl in einem selbst festgelegten Bereich einzugeben. Es erscheint die Funktion **RanInt#( ).**

```
Permutation(P)
Kombination(C)
Zufallszahl
Ganz. Zufallszahl
```

```
Mit Formel füllen
Formel=RanInt#(
Zellen:A1:A1
Bestätigen
```

In die Klammern geben wir 1 und 6 ein, getrennt mit einem Semikolon:

RanInt(1;6)

```
Mit Formel füllen
Formel=RanInt#(1 ►
Zellen:A1:A1
Bestätigen
```

```
Mit Formel füllen
Formel=◄nt#(1;6)
Zellen:A1:A1
Bestätigen
```

Jetzt geben wir noch den Zellenbereich ein: **von Zelle A1 bis Zelle A40**.

```
Mit Formel füllen
Formel=RanInt#(1;
Zellen:A1:A40
Bestätigen
```

Nachdem wir bestätigt haben, erscheinen 40 Zufallszahlen in den Zellen A1 bis A40.

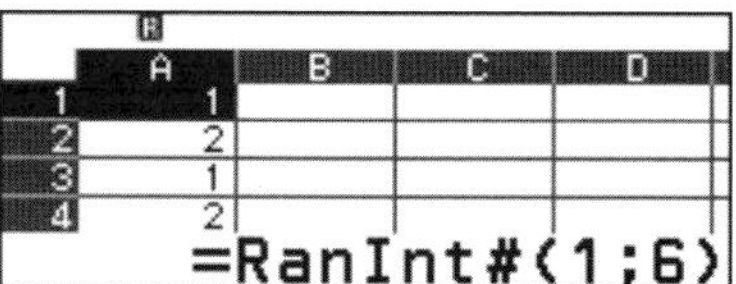

In diesem Fall macht es Sinn, sich das Ergebnis mit der QR-Code Funktion grafisch darstellen zu lassen.

Mit dem QR-Code gelangt man in die **ClassPad Math** App von Casio. Dort sehen wir zunächst nur die Tabelle mit den Werten.

Mit nur wenigen Klicks erhalten wir ein Histogramm.

Markiere die Spalte A. Es erscheint ein neues Fenster mit der Auswahlmöglichkeit **Grafik**.

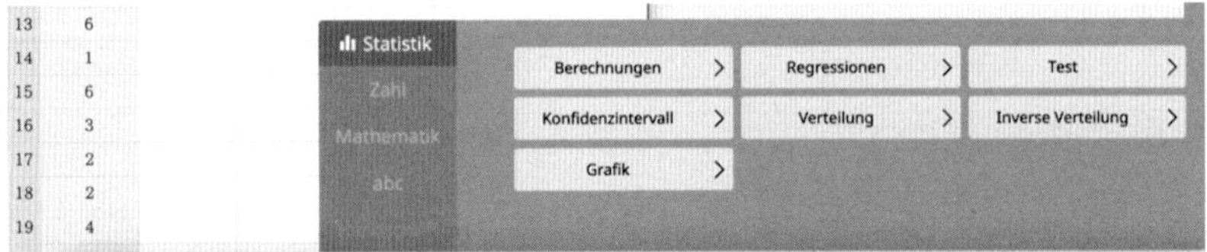

In den Grafikoptionen erscheint nun **Histogramm**.

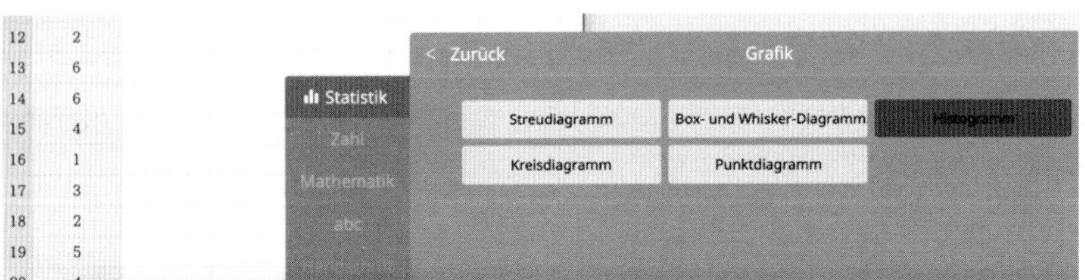

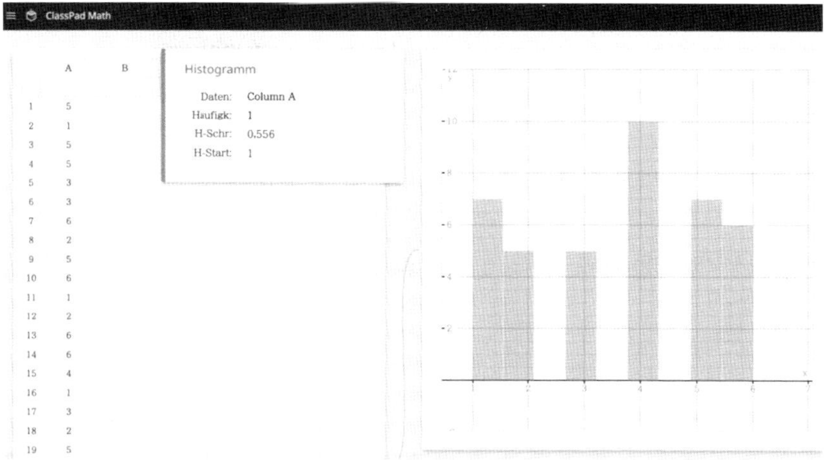

Histogramm zum Experiment „40-maliges Würfeln eines 6-seitigen Würfels“.

10.2 Exponentielles Wachstum / Exponentieller Zerfall

Folgende Aufgabenstellung kommt im Unterricht häufig vor und kann alternativ mit einer Tabellenkalkulation berechnet werden.

Die gleiche Aufgabenstellung berechnen wie später noch bei der exponentiellen Regression.

Die Aufgabenstellung:

Nach wie vielen Perioden (Halbwertszeiten) verringert sich ein radioaktives Material auf unter 1 % der Ausgangsmenge?

Diese Aufgabe kann man mit einer Tabelle angehen, wenn man die zugrundeliegende Exponentialfunktion nicht aufstellen kann.

Nach 1 Periode liegt noch die Hälfte vor, nach der 2. Periode nochmals von der Hälfte die Hälfte und immer so weiter.

In Spalte A tragen wir in die Zelle A1 den Wert 0 ein. In die Zelle B1 tragen wir den Wert 1 ein (Zum Zeitpunkt 0 liegen 100 % des Materials vor).

	A	B	C	D
1	0	1		
2				
3				
4				

Um die Spalte A mit fortlaufenden Zahlen zu füllen, tragen wir ein:

Formel=A1+1

Zellen: A2:A11.

Mit Formel füllen
Formel=A1+1
Zellen:A2:A11
Bestätigen

Um die Spalte B jeweils mit der Hälfte des vorherigen Wertes zu füllen, tragen wir ein:

Formel=B1:2

Zellen: B2:B11

Mit Formel füllen
Formel=B1÷2
Zellen:B2:B11
Bestätigen

	A	B	C	D
1	0	1		
2	1	0,5		
3	2	0,25		
4	3	0,125		

0

Wir erkennen, dass zwischen der 6. und 7. Periode (Halbwertszeit) das Material auf unter 1 % des Ausgangswertes gefallen ist.

	A	B	C	D
6	5	0,0312		
7	6	0,0156		
8	7	7,8×10⁻³		
9	8	3,9×10⁻³		

=A7+1

Die Visualisierung per QR-Code und kurzer Nachbearbeitung liefert folgende Grafik:

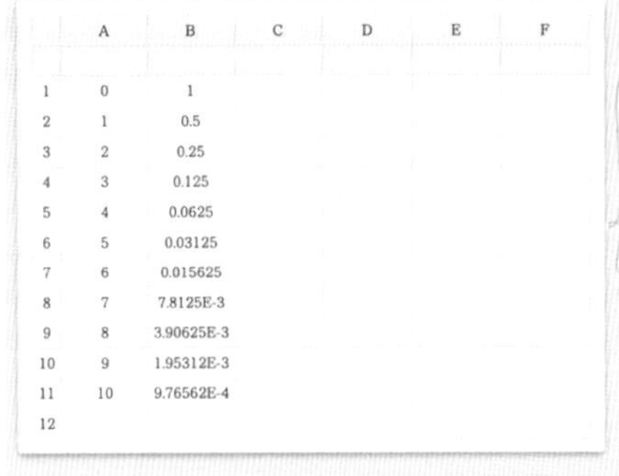

	A	B	C	D	E	F
1	0	1				
2	1	0.5				
3	2	0.25				
4	3	0.125				
5	4	0.0625				
6	5	0.03125				
7	6	0.015625				
8	7	7.8125E-3				
9	8	3.90625E-3				
10	9	1.95312E-3				
11	10	9.76562E-4				
12						

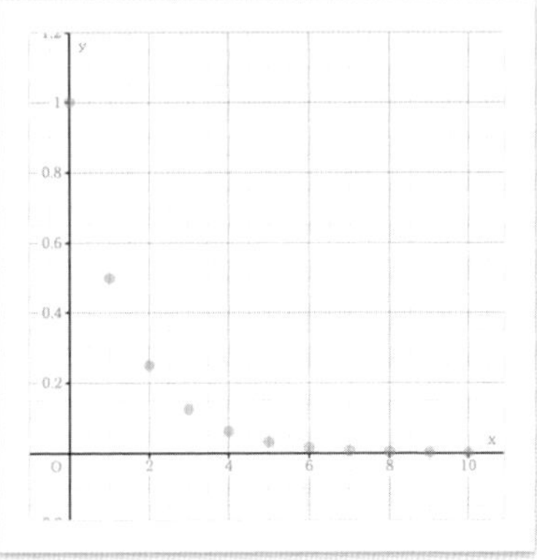

11 Verteilungsfunktionen – Menü Verteilung

Hinter dem Hauptmenüpunkt **Verteilung** verbergen sich Funktionen zu Wahrscheinlichkeitsverteilungen.

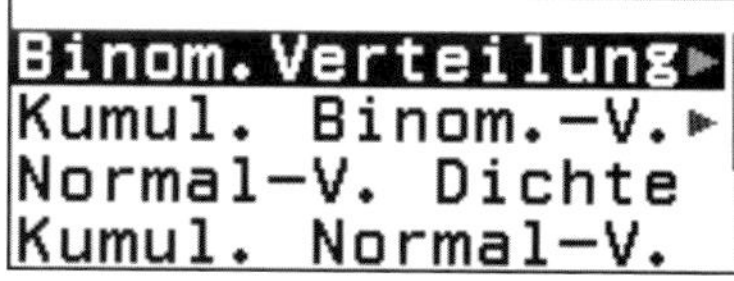

- **Binomialverteilung**
- **Normalverteilung**
- **Poissonverteilung**

11.1 Binomialverteilung

Ein mehrstufiges **Bernoulli-Experiment** ist ein Experiment, bei dem je Stufe nur zwei Zustände möglich sind: WAHR oder FALSCH. Zum Beispiel prüft die Qualitätssicherung bei der Produktion stichprobenartig Werkstücke. Diese können fehlerhaft oder einwandfrei sein. Bei mehrfacher Prüfung beschreibt **die Binomialverteilung** die Wahrscheinlichkeitsverteilung eines solchen Bernoulli-Experiments.

Ist ein Werkstück bei einer einzelnen Prüfung mit $p = 0{,}1\ \%$ Wahrscheinlichkeit defekt und wird die Prüfung $n = 100$-mal durchgeführt, so gilt für die Wahrscheinlichkeit P, genau k Treffer (hier defekte Werkstücke) zu finden:

$$P(k) = \binom{n}{k} p^k \cdot (1-p)^{n-k}$$

Beispielaufgabe

Von einer Lieferung Bücher aus der Druckerei sind 2 % fehlerhaft. Es werden 10 Bücher geprüft. Wie groß ist die Wahrscheinlichkeit, dass

- genau 2 Bücher fehlerhaft sind?
- mindestens 3 Bücher fehlerhaft sind?

Die Parameter für die Binomialverteilung lauten:

$p = 2\,\% = 0{,}02$ und $n = 10$

Genau 2 Bücher sind fehlerhaft: $k = 2$.

Wir wählen

- Binomialverteilung
- Einzelwert
- Geben die Parameter k, n, p ein.
- Wählen **Ausführen**

```
Binom.Verteilung ▸
Kumul. Binom.-V. ▸
Normal-V. Dichte
Kumul. Normal-V.
```

```
Liste
Einzelwert
```

```
Binom.Verteilung
 k      :2
 n      :10
 p      :0,02
```

```
Binom.Verteilung
 n      :10
 p      :0,02
▸Ausführen
```

Als Wahrscheinlichkeit erhalten wir

$$p = 0{,}0153 \; = \; 1{,}53\,\%$$

```
P=
                0,01531373441
```

Mindestens 3 Bücher sind fehlerhaft ist das Gegenereignis zu „0, 1 oder 2 Bücher sind fehlerhaft“. Dies ist eine **kumulierte Wahrscheinlichkeit**!

```
Binom.Verteilung ▸
Kumul. Binom.-V. ▸
Normal-V. Dichte
Kumul. Normal-V.
```

```
Kumul. Binom.-V.
 k      :2
 n      :10
 p      :0,02
```

Die Wahrscheinlichkeit, dass mindestens 3 Bücher fehlerhaft sind beträgt:

$$1 - 0{,}999 \; = \; 0{,}001 = 0{,}1\%$$

```
P=
                0,9991360937
```

11.2 Normalverteilung

Wir berechnen für $\mu = 100$ und $\sigma = 20$ die Wahrscheinlichkeiten für

- $X = 95$ (Normal-V. Dichte)

```
Binom.Verteilung▸
Kumul. Binom.-V.▸
Normal-V. Dichte
Kumul. Normal-V.
```

```
Normal-V. Dichte
 x      :95
 μ      :100
 σ      :20
```

```
f=
                0,01933340584
```

- $50 \leq X \leq 150$

  (kumul. Normal-V.)

```
Binom.Verteilung▸
Kumul. Binom.-V.▸
Normal-V. Dichte
Kumul. Normal-V.
```

```
Kumul. Normal-V.
Untere:50
Obere :150
 μ     :100
```

```
Kumul. Normal-V.
 μ      :100
 σ      :20
▸Ausführen
```

```
P=
                0,9875806691
```

11.3 Verteilungen grafisch darstellen

Wahrscheinlichkeitsverteilungen können anschaulich über die QR-Code Funktion dargestellt werden. Probiere die Beispielrechnungen selbst aus!

Beispiel 11.1: 

Beispiel 11.2: 

12 Mathebox

Hinter dem Begriff **Mathebox** verbergen sich unter anderem Funktionen zur Wahrscheinlichkeitsrechnung. Hier kann man **Würfel- oder Münzwürfe** simulieren sowie Beispiele zu **Zahlengerade** oder **Kreis** darstellen.

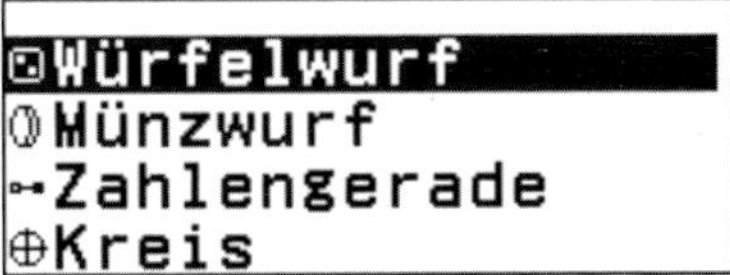

12.1 Würfelwurf

Wir wählen über das **Hauptmenü (HOME ⓞ) Mathebox** und dann den **Würfelwurf** aus.

Um die Optionen „Anzahl Würfel“ und „Anzahl Versuche“ einzustellen, muss man mit **EXE** (EXE) jeweils in ein weiteres Auswahlmenü verzweigen.

Auswahl Anzahl Würfel

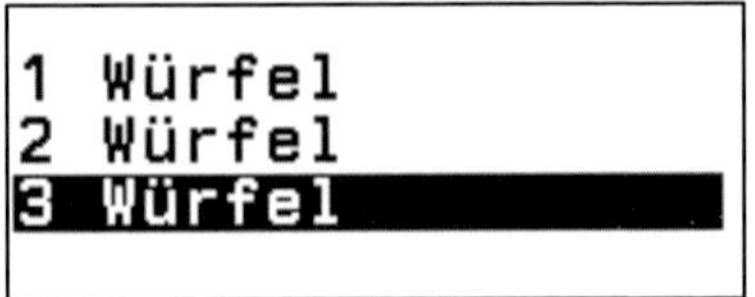

maximal 3 Würfel

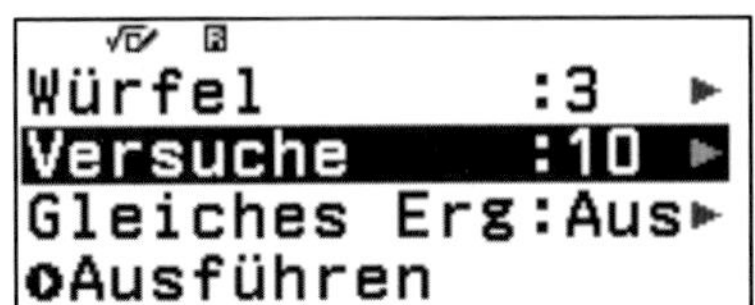

Auswahl Anzahl Versuche

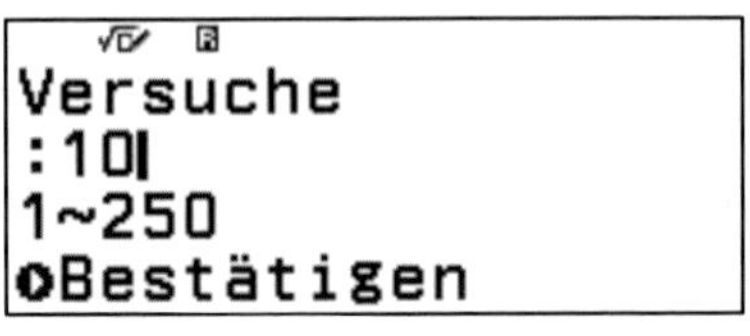

maximal 250 Versuche

Nach dem Klick auf **Ausführen** erscheint die Abfrage nach **Liste** / **Rel. Häufigkeit**.

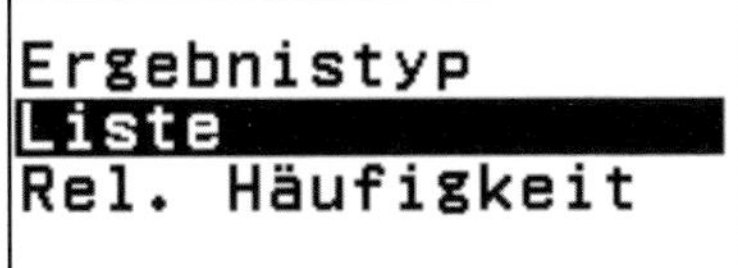

Liste

In der Liste erscheinen alle Ergebnisse der zufälligen Würfe (jeweilige Augenzahl in den Spalten A, B, C für die 3 gewählten Würfel). Zusätzlich wird eine Spalte mit der Summe der Augenzahlen angezeigt.

	A	B	C	Sum.
1	4	3	5	12
2	5	1	4	10
3	5	2	3	10
4	4	5	3	12

erster Aufruf

	A	B	C	Sum.
1	3	3	2	8
2	5	1	1	7
3	5	5	1	11
4	2	1	4	7

nochmaliger Aufruf

Relative Häufigkeit

Zur Bestimmung der relativen Häufigkeit sollte man eine höhere Anzahl von Versuchen wählen. Wir wählen jetzt 200 Versuche.

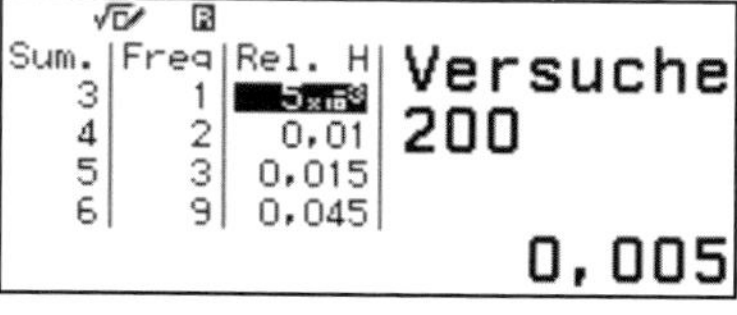

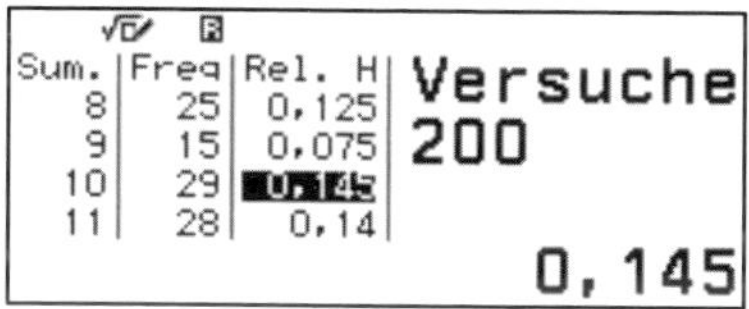

Die relative Häufigkeit bezieht sich auf die Summe der Augenzahlen, die bei unserem Experiment mit 3 Würfeln auftreten kann.

Wir blättern durch die Liste und erkennen, dass bei unserem Experiment die **Augensumme 10** die höchste **relative Häufigkeit von 0,145** = 14,5 % hat und bei 200 Versuchen insgesamt 29-Mal aufgetreten ist.

Ein solches Ergebnis kann sehr anschaulich über den QR-Code mit einem Smartphone, Tablet Computer oder am PC abgerufen werden.

QR-Code = SHIFT ⓘ + x ⓧ .

Anzeige im Display
(Scanne den Code rechts ->)

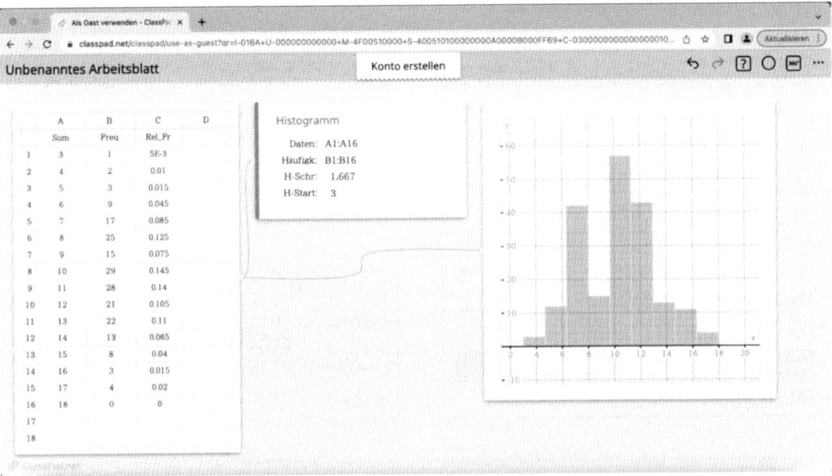

	A	B	C	D
	Sum	Freq	Rel_Fr	
1	3	1	5E-3	
2	4	2	0.01	
3	5	3	0.015	
4	6	9	0.045	
5	7	17	0.085	
6	8	25	0.125	
7	9	15	0.075	
8	10	29	0.145	
9	11	28	0.14	
10	12	21	0.105	
11	13	22	0.11	
12	14	13	0.065	
13	15	8	0.04	
14	16	3	0.015	
15	17	4	0.02	
16	18	0	0	
17				
18				

Aufruf des QR-Code Links im Browser eines PCs.

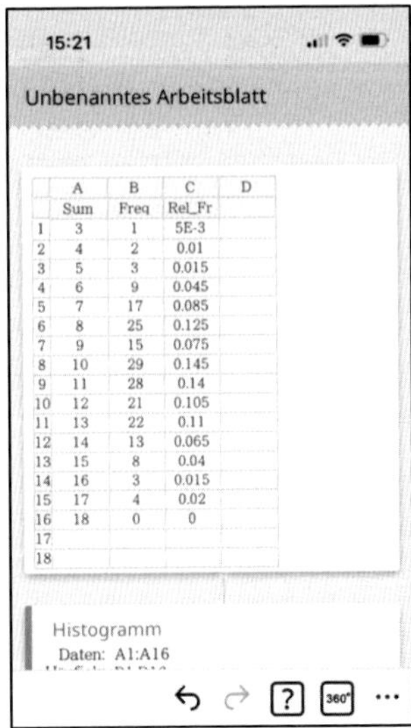

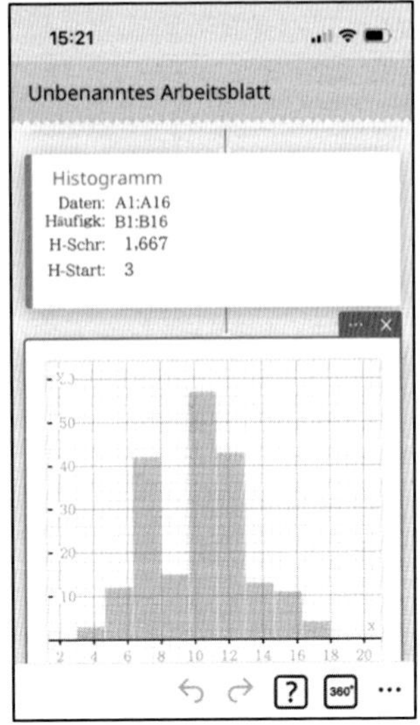

Aufruf des QR-Codes mit einem Smartphone

12.2 Münzwurf

Wir wählen über das **Hauptmenü (HOME ⌂)** **Mathebox** und dann den **Münzwurf** aus. Anstelle von Kopf und Zahl werden im Rechner die Optionen „schwarz ●“ und „weiß ○“ als mögliche Seiten einer Münze angezeigt.

Um die Optionen **Anzahl Münzen** und **Anzahl Versuche** einzustellen, muss man mit **EXE** (EXE) jeweils in ein weiteres Auswahlmenü verzweigen.

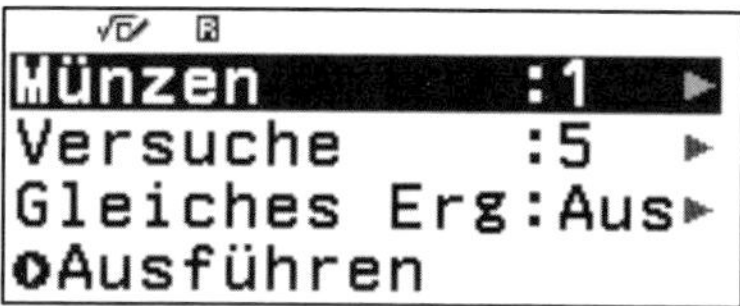

Auswahl Anzahl Münzen

1 Münze
2 Münzen
3 Münzen

maximal 3 Münzen

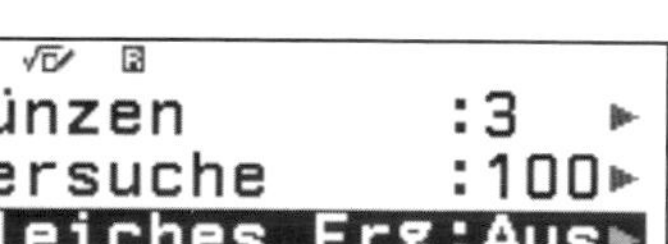

Auswahl Anzahl Versuche

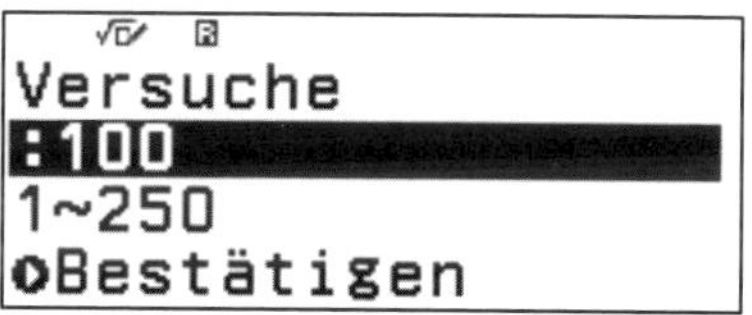

maximal 250 Versuche

Nach dem Klick auf **Ausführen** erscheint die Abfrage nach **Liste** / **Rel. Häufigkeit**.

Ergebnistyp
Liste
Rel. Häufigkeit

Liste

In der Liste erscheinen die Ergebnisse der Münzwürfe in je einer Spalte je Münze. In einer zusätzliche Spalte wird die Summe der schwarzen Kreise ● für diese Seite der Münze angezeigt.

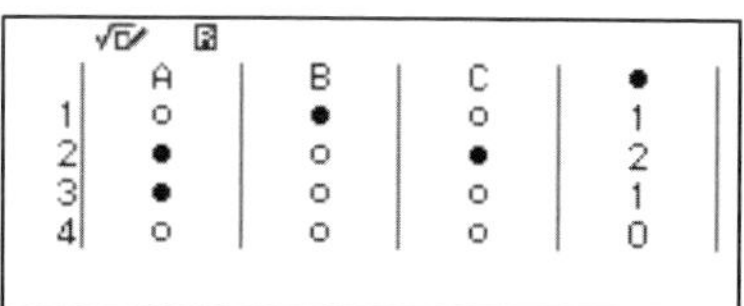

erster Aufruf

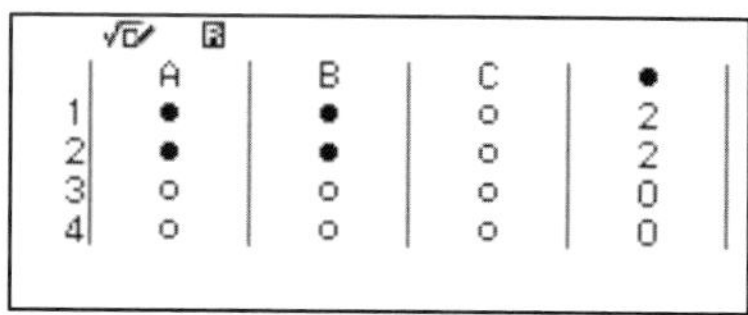

nochmaliger Aufruf

Relative Häufigkeit

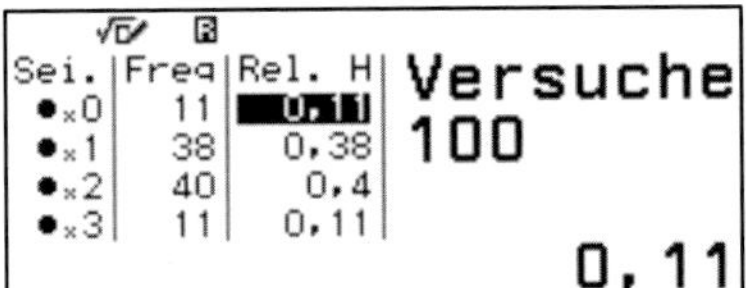

Die relative Häufigkeit bezieht sich darauf, wie oft schwarze Seite der Münze geworfen wurde.

Ein solches Ergebnis kann ebenso wie der Würfelwurf sehr anschaulich über den QR-Code mit einem Smartphone, Tablet Computer oder am PC abgerufen werden. **QR-Code** = (⬆) + (x) .

Anzeige im Display

(Scanne den Code rechts ->)

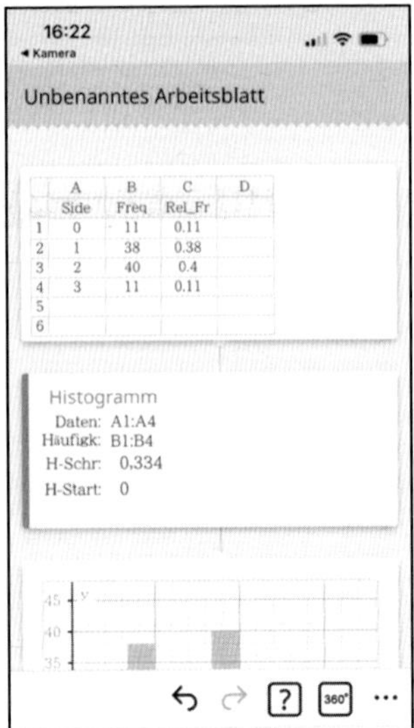

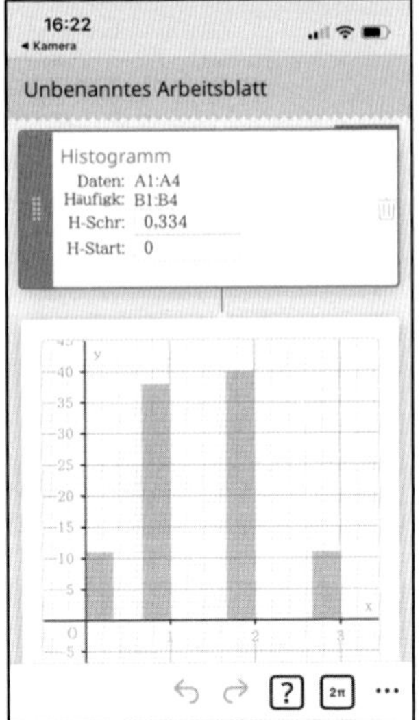

Aufruf des QR-Codes mit einem Smartphone

12.3 Zahlengerade

12.3.1 Bereiche auf einer Zahlengeraden definieren

Die Funktion Zahlengerade erlaubt es uns, bis zu drei verschiedene Intervalle auf einer Zahlengeraden darzustellen.

Hierbei gibt es für jedes Intervall die Option, eine oder zwei Zahlen als offene oder geschlossene Grenze einzugeben oder auch nur einen Punkt anzeigen zu lassen:

- $x < a$
- $x \leq a$
- $x = a$
- $x > a$
- $x \geq a$
- $a < x < b$
- $a \leq x < b$
- $a < x \leq b$
- $a \leq x \leq b$

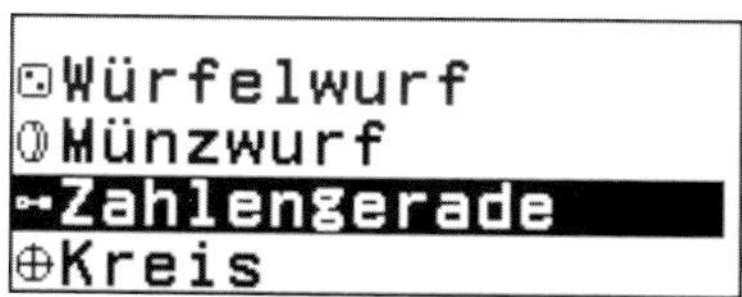

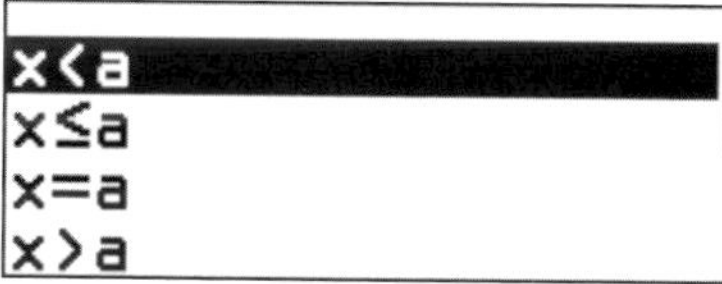

$a < x < b$

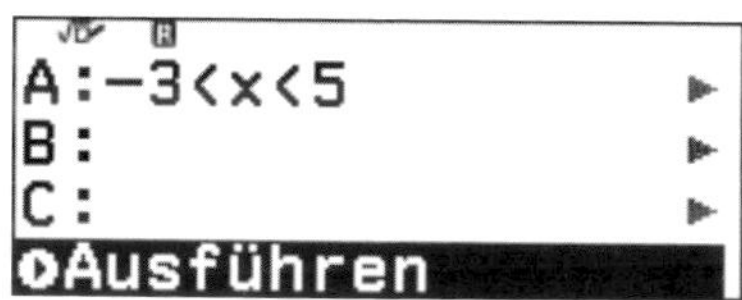

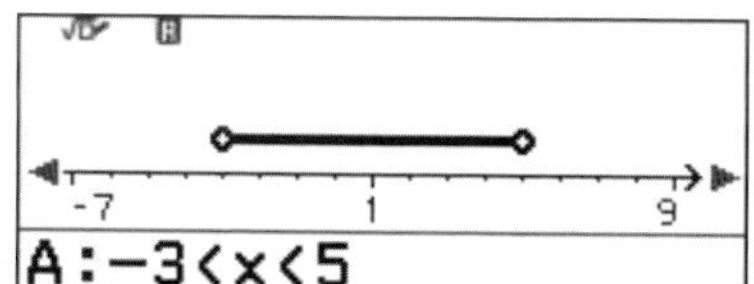

Offenes Intervall,
ohne die äußeren Grenzen
(offener Kreis an den Enden)

$a \leq x \leq b$

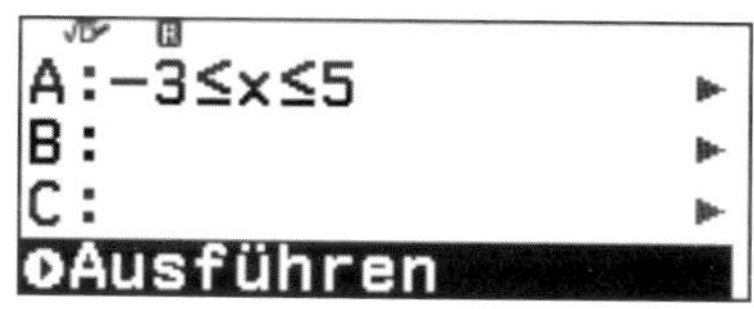

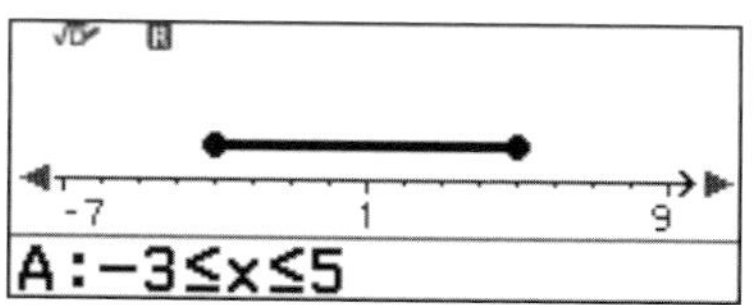

Geschlossenes Intervall
mit den äußeren Grenzen
(geschlossener Kreis an den Enden)

12.3.2 Zahlengerade skalieren

Wir können die Skalierung der Zahlengeraden anpassen. Hierzu drücken wir bei einer angezeigten Zahlengeraden die Taste **Tools** und wählen Einstellfenster.

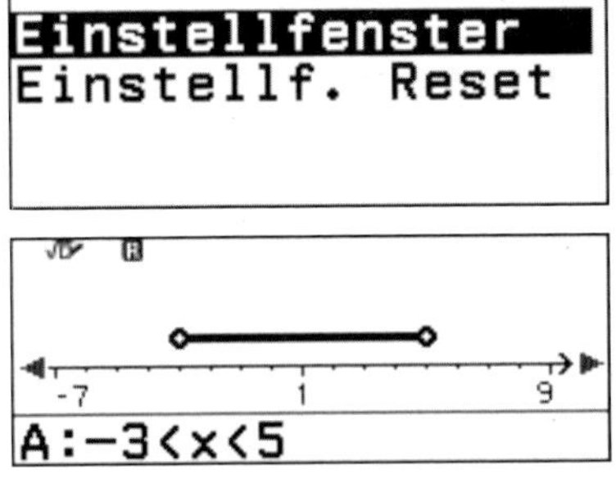

Skala: 1

Skala: 0,5

12.3.3 Mehrere Zahlengeraden definieren

Wir können bis zu 3 (A, B, C) Bereiche auf einer Zahlengeraden definieren. Wenn wir diese festgelegt haben, wählen wir mit den Pfeiltasten zwischen den einzelnen Anzeigen.

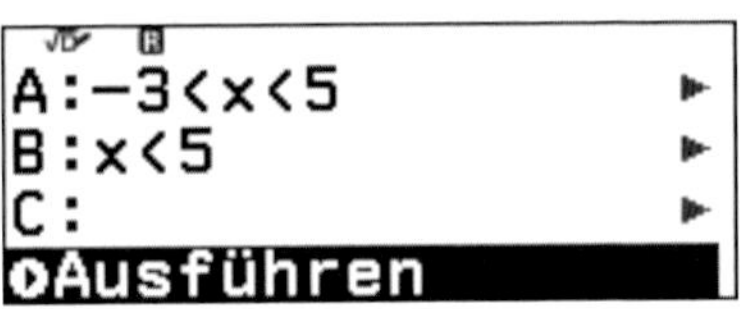

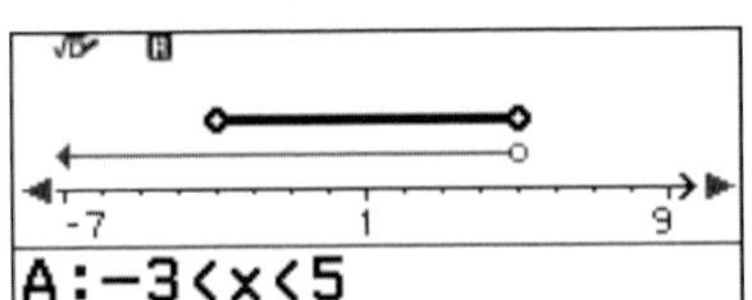

Aktiv: A: $-3 < x < 5$

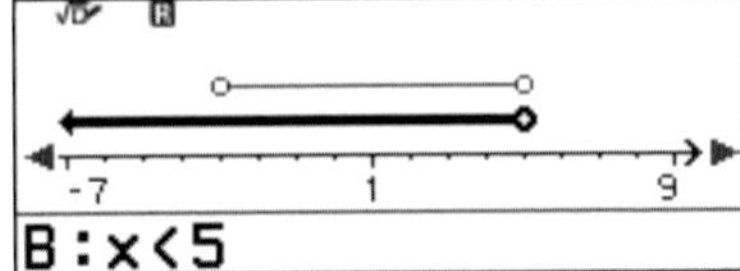

Aktiv: B: $x < 5$

Im angezeigten Beispiel sieht man beide Zahlenbereiche A und B, nur der aktive Bereich wird als dicker schwarzer Strich angezeigt!

12.4 Kreis

Mit der Funktion **Kreis** aus der **Mathebox** können wir uns Winkel sowie Sinus-, Kosinus- und Tangens-Werte am Kreis anschaulich darstellen lassen. Beim Eintrag **Uhr** werden die beiden Winkel zwischen Stunden und Minutenzeiger angezeigt. Allerdings kann nur die Uhrzeit voller Stunden eingestellt werden!

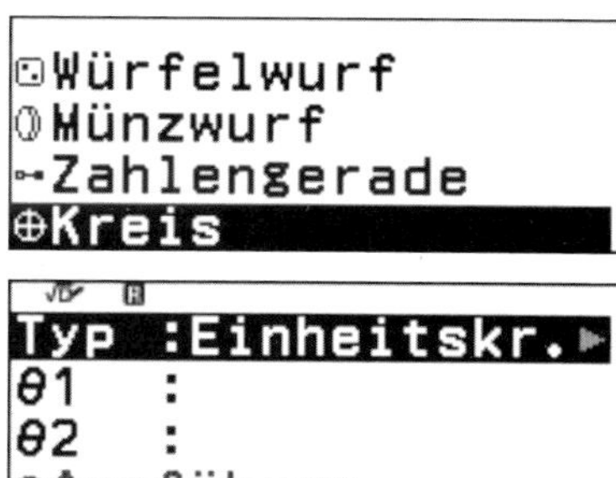

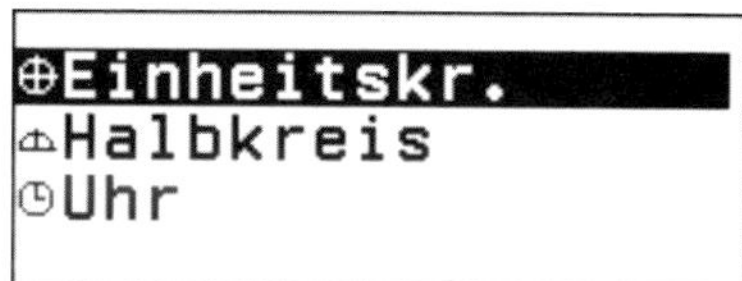

12.4.1 Einheitskreis – Sinus, Kosinus, Tangens

Im Einheitskreis können wir uns Sinus-, Kosinus- und Tangens-Werte anzeigen lassen. Wichtig ist hierbei die **Winkeleinstellung unter Settings**!

In den aufgeführten Beispielen lassen wir uns die Sinus-, Kosinus- und Tangens-Werte für die Winkel 45° und 120° im Gradmaß anzeigen, wenn zuvor sichergestellt ist, dass dieses Winkelmaß auch festgelegt wurde.

Mit den Pfeiltasten wechseln wir zwischen den beiden eingetragenen Werten.

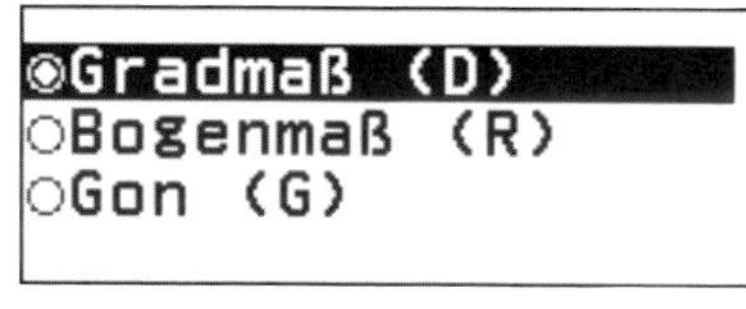

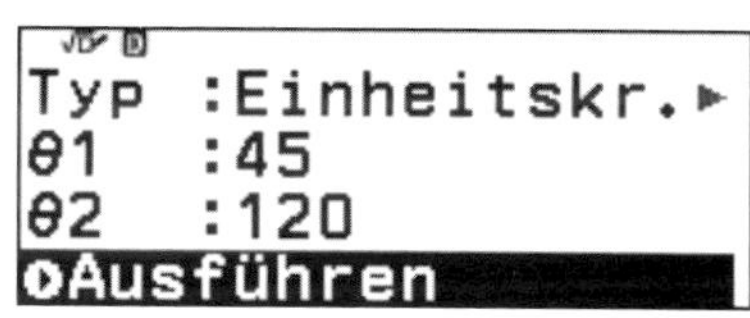

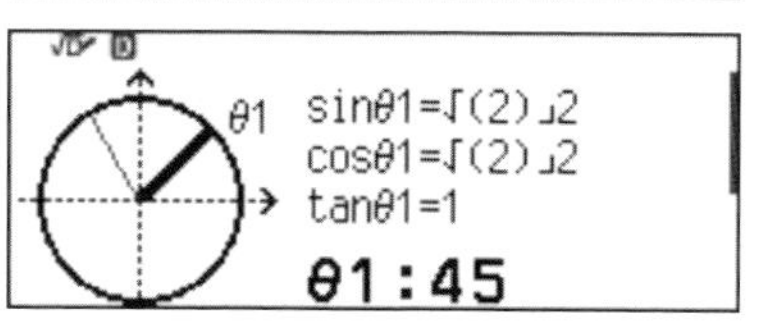

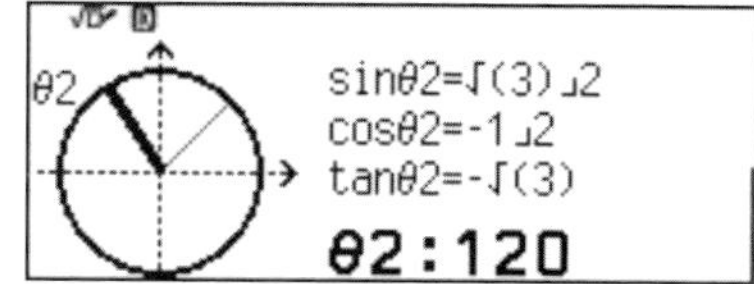

12.4.2 Halbkreis – Sinus, Kosinus, Tangens

Über die Funktion Halbkreis wird ähnlich zum Einheitskreis jetzt nur ein Halbkreis angezeigt.

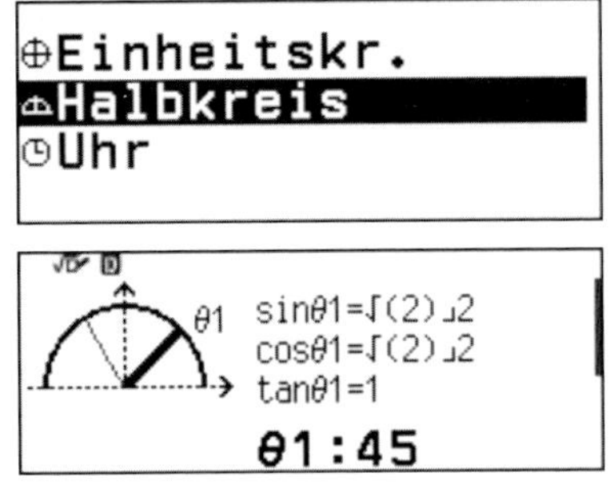

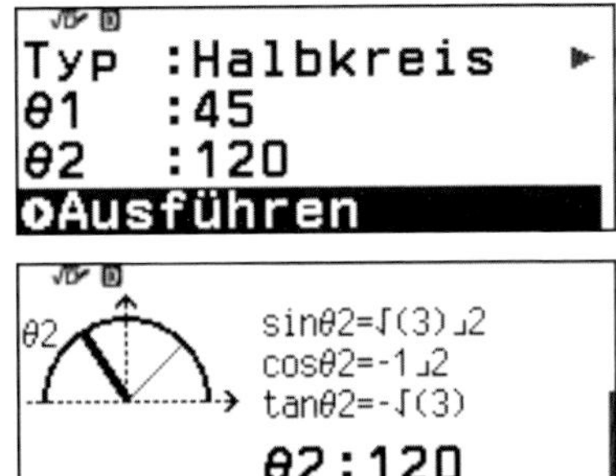

12.4.3 Uhr – Winkel zwischen den Zeigern

Bei der Funktion Uhr können wir mit den Pfeiltasten den Stundenzeiger bewegen und zu jeder vollen Stunde werden die beiden Winkel zwischen Stunden und Minutenzeiger angezeigt.

Auf diese Art und Weise kann man sich die Größe von Winkeln anhand einer Uhr gut einprägen.

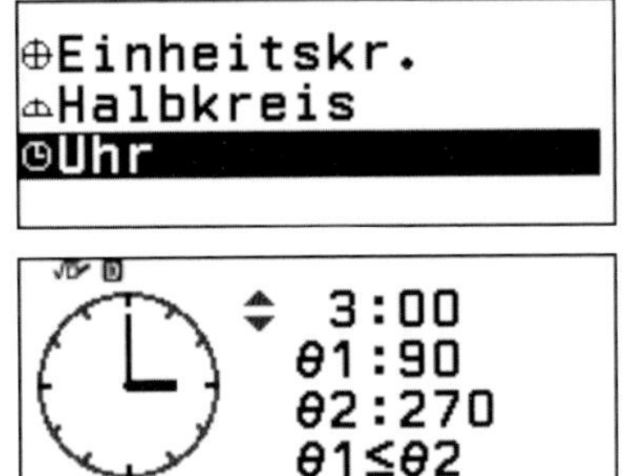

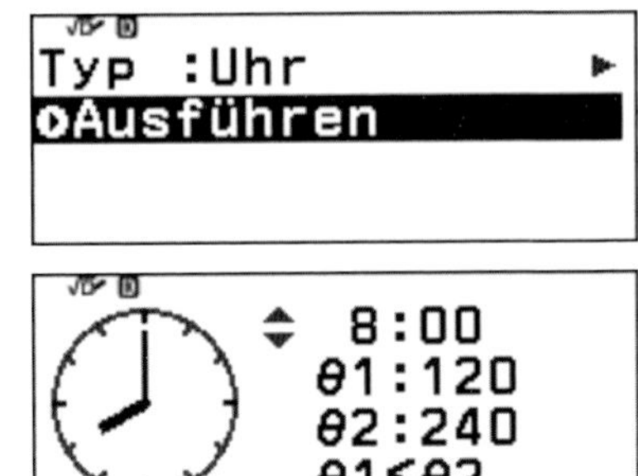

13 Wissenschaftliche Konstanten

Die Taschenrechner CASIO fx-991DE CW und fx-87DE CW halten 47 wissenschaftliche Konstanten bereit, die in Rechenausdrücke eingebaut werden können. Rechenausdrücke mit Konstanten geben wir im Hauptmenü unter dem Punkt **Berechnung** ein. Nur in diesem Menü gelangen wir zu Konstanten über die **CATALOG** Taste.

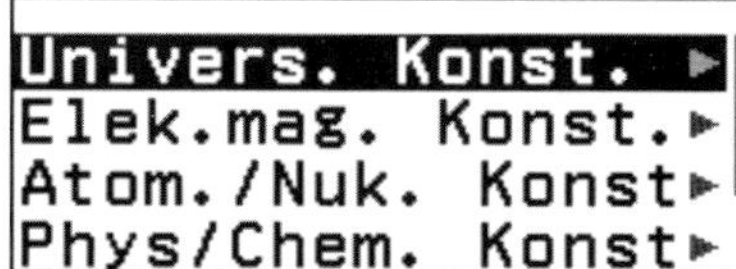

Die Konstanten sind unter den folgenden Kategorien zusammengefasst:

Kategorie	Wissenschaftliche Konstanten
Univers. Konst.	$h, \hbar, c, \varepsilon_0, \mu_0, Z_0, G, l_P, t_P$
Elek.mag. Konst.	$\mu_N, \mu_B, e, \Phi_0, G_0, K_J, R_K$
Atom./Nuk. Konst	$m_p, m_n, m_e, m_\mu, a_0, \alpha, r_e, \lambda_C, \gamma_p, \lambda_{Cp}, \lambda_{Cn}, R_\infty, \mu_p, \mu_e, \mu_n, \mu_\mu, m_\tau$
Phys./Chem. Konst	$m_u, F, N_A, k, V_m, R, c_1, c_2, \sigma$
Übernomm. Werte	$g_n, atm, R_{K-90}, K_{J-90}$
Anderes	t

Den Wert einer Konstanten lässt man sich anzeigen, indem man die Konstante aufruft und mit **EXE** abschließt. z.B. für die Lichtgeschwindigkeit c = 299792458 m/s

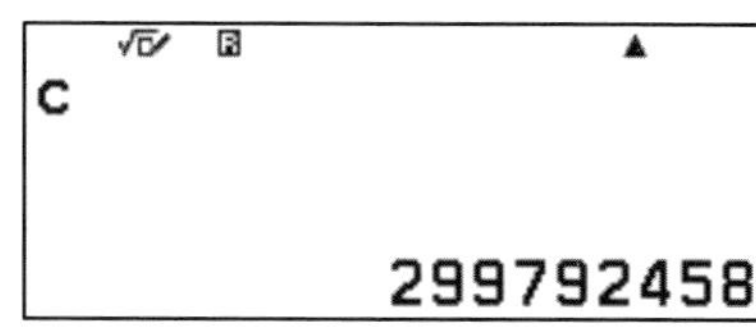

14 Einheiten umrechnen

Im Alltag oder in der Physik müssen wir häufig Größeneinheiten umrechnen. Hierzu bietet der Rechner viele Möglichkeiten. Die Auswahl all dieser Möglichkeiten zur Umrechnung verbirgt sich hinter der **CATALOG** Taste ⓜ.

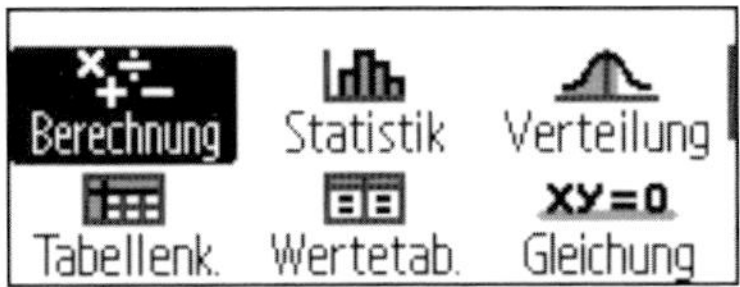

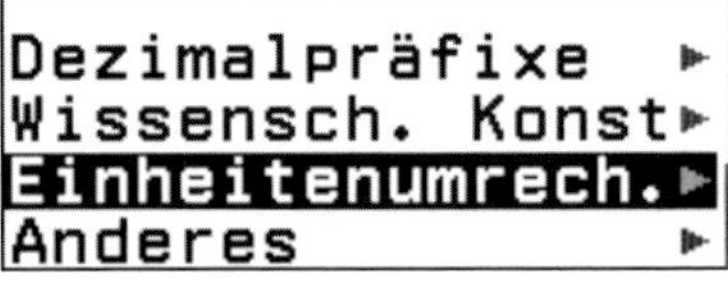

Im ersten Fenster werden 4 verschiedene Größen angezeigt.

Mit der Pfeiltaste können wir nach unten blättern und gelangen in **weitere 5 Fenster!**

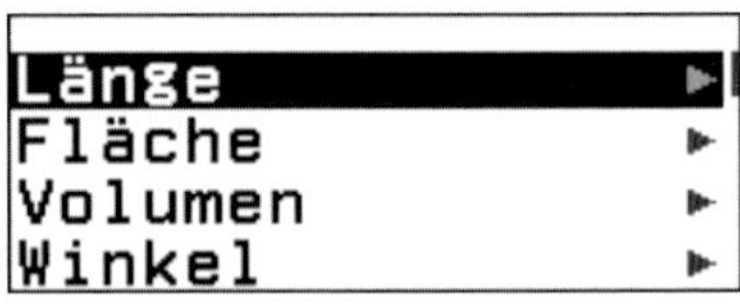

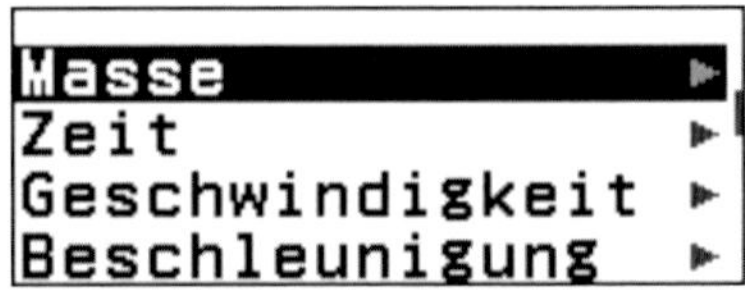

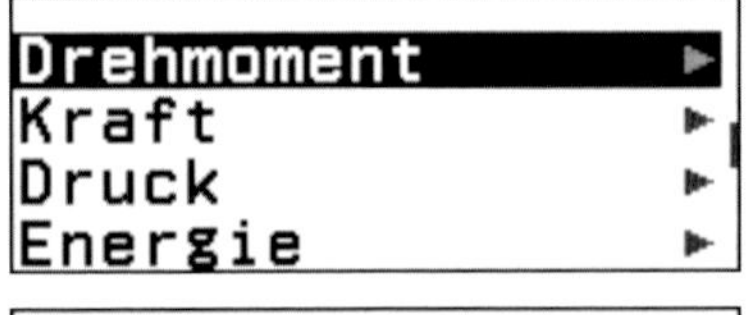

Um eine Ausgangsgröße in eine andere Einheit umzurechnen, müssen wir immer zuerst die Ausgangsgröße eingeben. Wir wollen dies anhand von einigen Musterbeispielen durchführen.

14.1 Umrechnungsübungen

14.1.1 Längen von Inch in cm umrechnen

Rechne 13 Inch in cm um!

Wir geben 13 ein und rufen anschließend die Umrechnung auf.

13 Inch sind 33,02 cm!

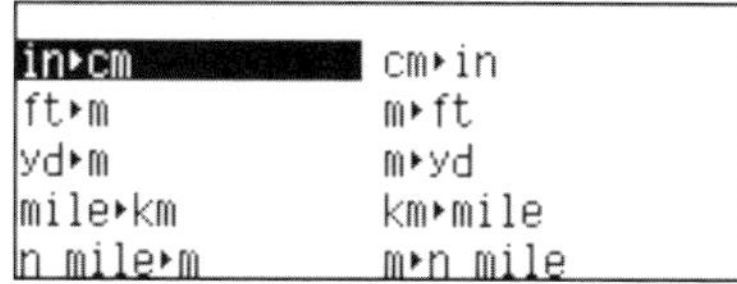

14.1.2 Geschwindigkeit von km/h in m/s umrechnen

Rechne 120 km/h in m/s um!

Wir geben 120 ein und rufen die Umrechnung auf.

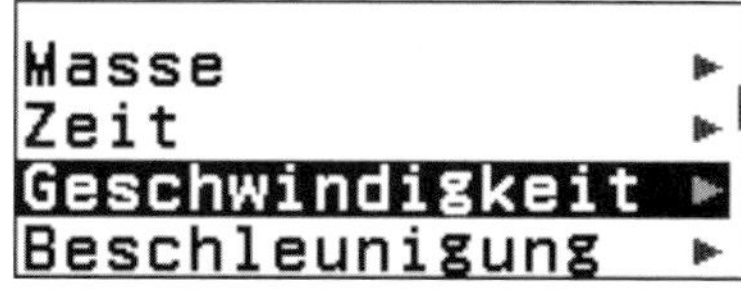

120 km/h sind 33 1/3 m/s

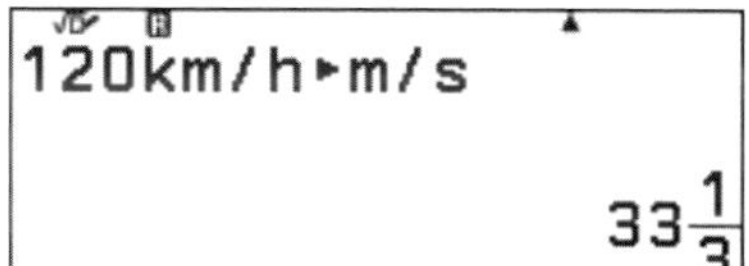

14.1.3 Die Zeit von Tagen in Sekunden umrechnen

Wie viele Sekunden sind 7 Tage?

Wir geben 7 ein und rufen die Umrechnung auf.

7 Tage sind 604800 Sekunden!

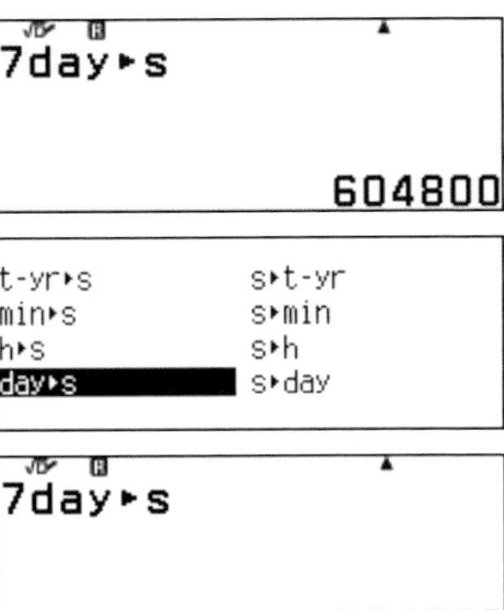

14.1.4 Die Temperatur von Grad Celsius in Grad Fahrenheit

Wie viele Grad Fahrenheit sind 25° C?

Wir geben 25 ein und rufen die Umrechnung auf.

25° Celsius sind 77° Fahrenheit!

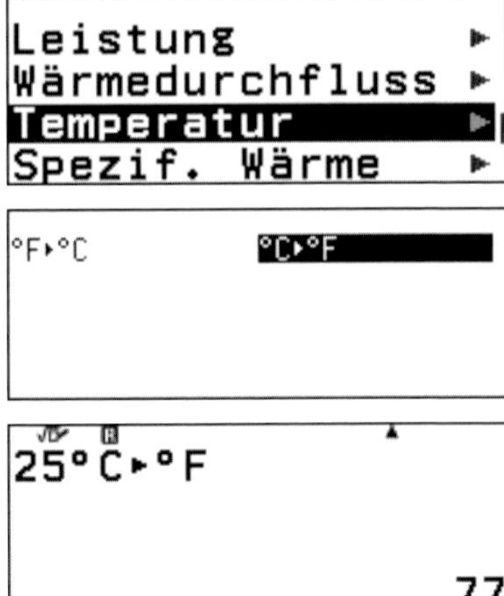

15 Regressionsberechnungen

15.1 Lineare Regression

15.1.1 Zwei Punkte einer Geraden

Aus zwei Punkten kann man eine Geradengleichung oder lineare Funktionsgleichung bestimmen. Bei Messreihen in der Physik muss manchmal ebenso eine Gerade durch mehr als 2 Punkte gelegt werden. In diesem Fall liegt die Gerade nicht auf allen Punkten, sondern stellt eine „Bestgerade“ dar. Beide Fälle werden wir hier betrachten.

Geradengleichung durch zwei Punkte

Wie bestimmt man die Geradengleichung der Geraden durch die Punkte **A (1|1)** und **B (7|4)**?

Hierzu wählen wir im Hauptmenü **Statistik** und **2-Variablen** und geben die beiden Wertepaare ein.

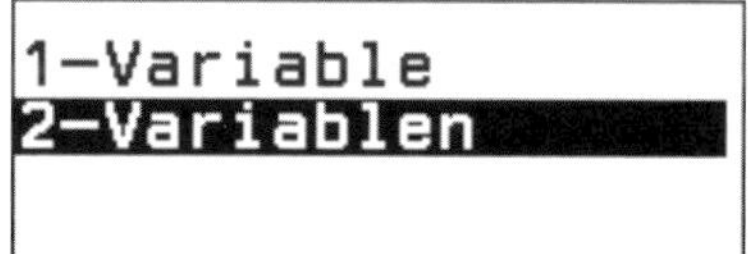

In der dritten Zeile geben wir keinen Wert ein, sondern drücken die **EXE** (EXE) Taste.

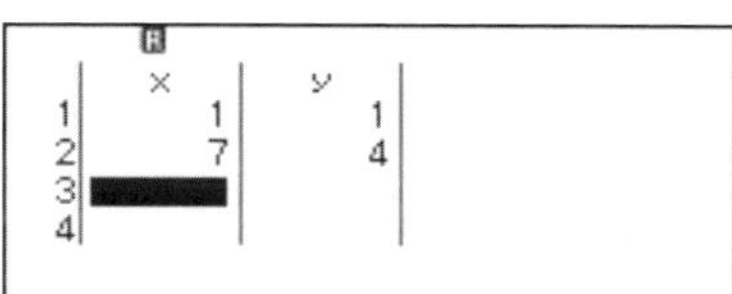

Jetzt erhalten wir die Option, eine Regression durchzuführen. Wir wählen jetzt den ersten Eintrag:

y=ax+b

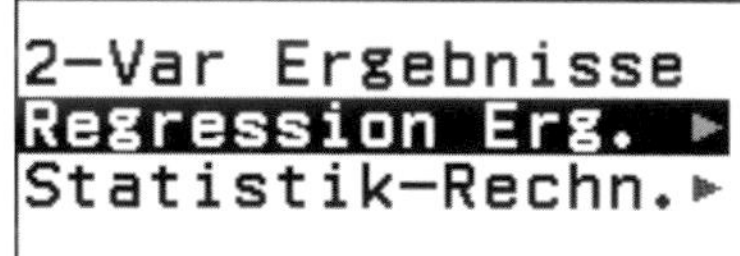

Das steht für eine lineare Funktion bzw. Geradengleichung.

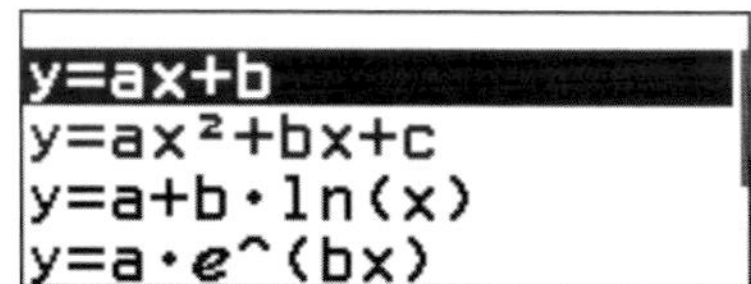

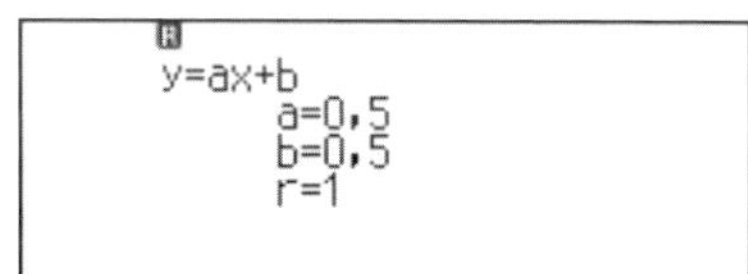

Als Ergebnis erhalten wir:

a= 0,5 und b=0,5

Gesuchte lineare Funktion:

$$f(x) = y = 0{,}5 \cdot x + 0{,}5$$

Die Visualisierung per QR-Code liefert die grafische Darstellung der Aufgabenstellung.

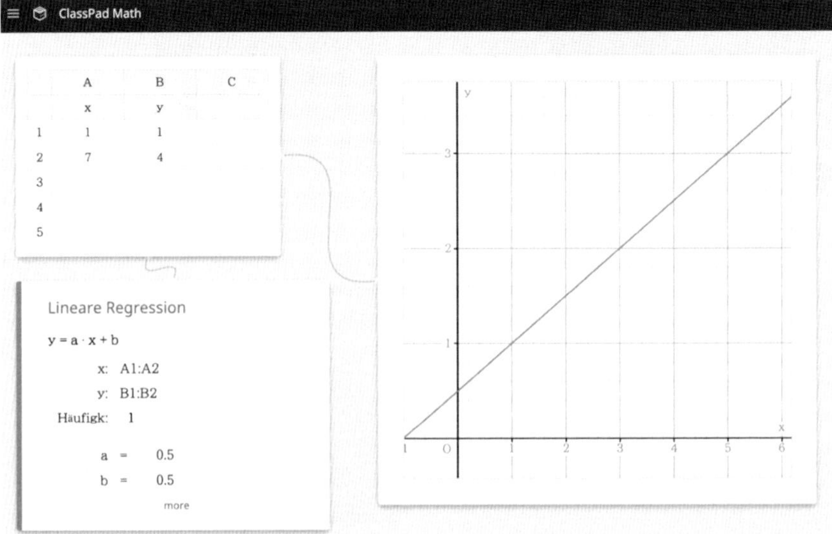

15.1.2 Messreihe eines linearen Zusammenhangs darstellen

In der Physik messen wir verschiedene Spannungen und Stromstärken an einem ohmschen Widerstand. Es gilt das ohmsche Gesetz: $U = R \cdot I$. Wir nehmen folgende Wertetabelle auf und bestimmen den Widerstand R aus diesen Messwerten.

I (=x) [A]	0	0,012	0,026	0,039	0,053
U (=y) [V]	0	5	10	15	20

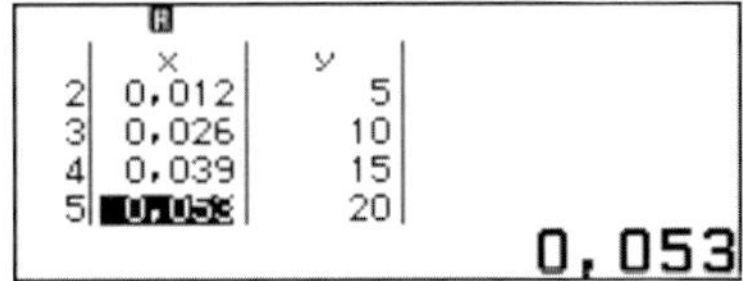

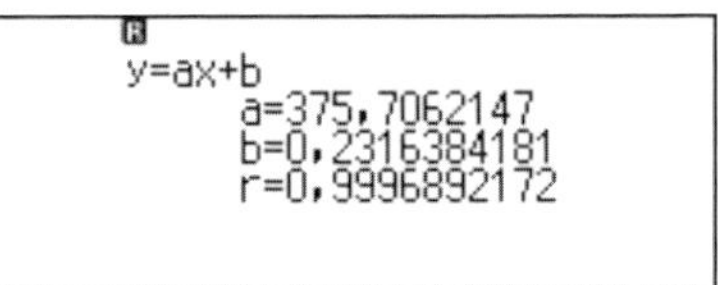

Als Ergebnis erhalten wir die Funktion: $f(x) = 375{,}7x + 0{,}23$.

Den Wert 0,23 als y-Achsenabschnitt müssen wir vernachlässigen, da das ohmsche Gesetz eine proportionale Funktion ist und der y-Achsenabschnitt Null ist.

Der Widerstand aus unserer Messreihe beträgt somit $R \approx 375{,}7\ \Omega$.

Die Visualisierung mit dem QR-Code liefert uns die Tabelle und grafische Darstellung zur Aufgabe.

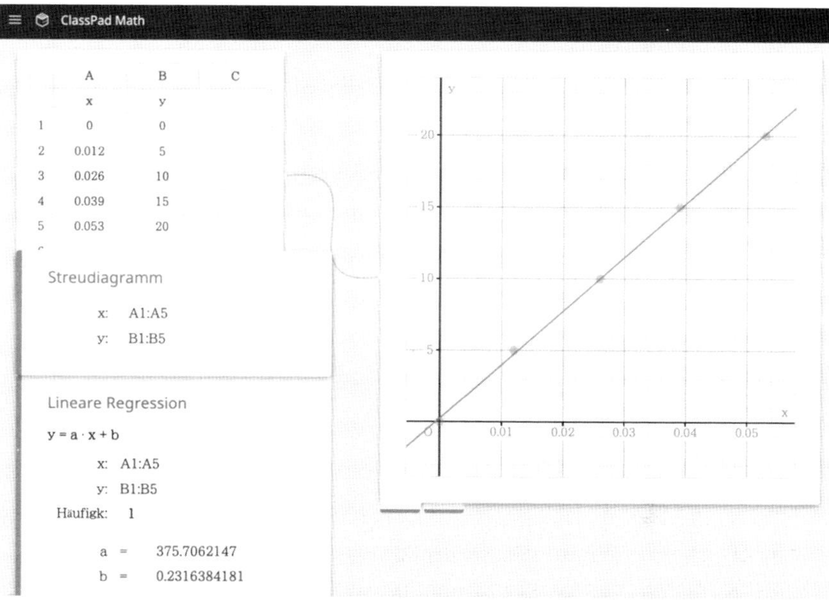

15.2 Quadratische Regression

Um eine allgemeine quadratische Funktion bzw. Parabel der Form:

$f(x) = ax^2 + bx + c$ eindeutig zu bestimmen, benötigt man mindestens 3 Punkte bzw. Wertepaare (x | y).

Wir starten mit dem Hauptmenü **Statistik**. Hier geben wir die x- und y-Werte ein.

Gegeben sind die 3 Punkte

A (2|2,5), **B (3|3)** und **C (5|1)** .

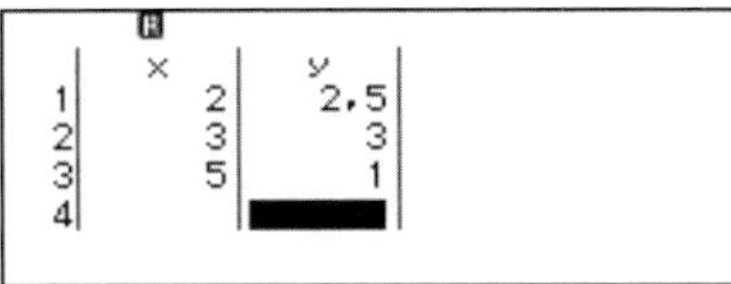

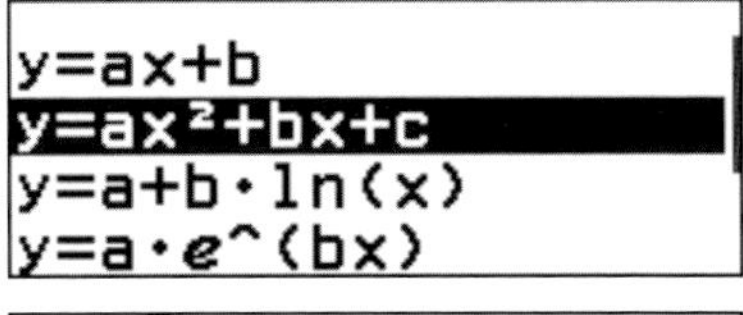

Die quadratische Funktion lautet:

$$f(x) = -0{,}5x^2 + 3x - 1{,}5$$

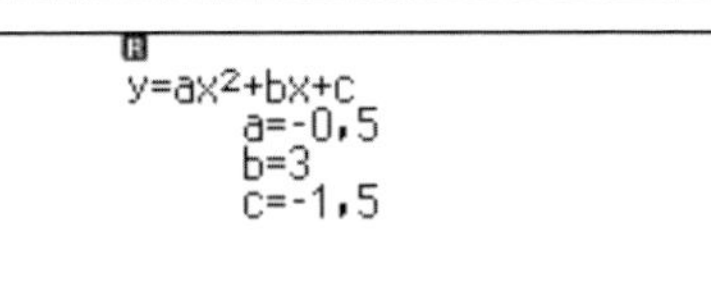

Auch hier kann eine Visualisierung durch den QR-Code hilfreich sein.

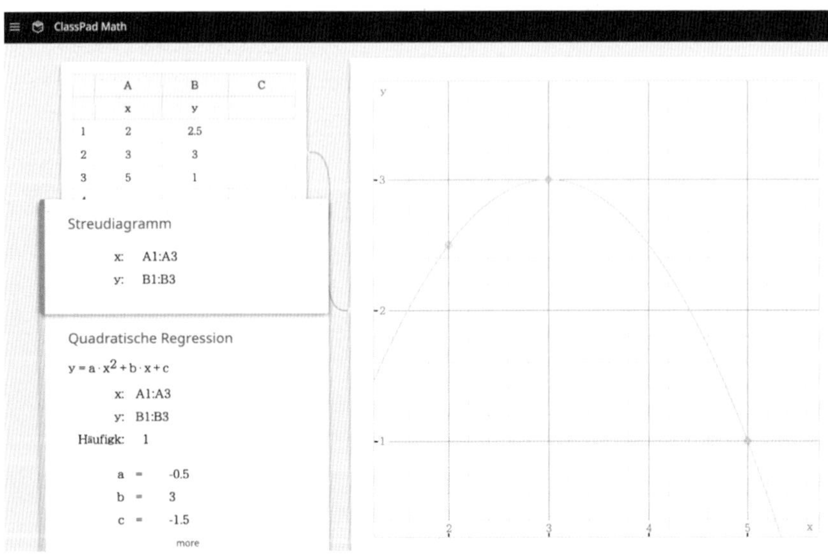

15.3 Exponentielle Regression

Eine Algenpopulation in einem See verdoppelt alle 3 Tage ihre Fläche. Zum Zeitpunkt **t = 0** sind bereits **10 m²** mit Algen zugewachsen.

Die Aufgabenstellung: Bestimmen Sie die zu Grunde liegende Funktion. Wir erstellen eine Wertetabelle.

Zeit [Tage]	0	3	6	9	12
Fläche [m²]	10	20	40	80	160

Mit diesen Werten führen wir eine exponentielle Regression durch.

Die Wertetabelle geben wir unter **Statistik / 2-Variablen** ein. In der letzten leeren Zeile drücken wir **EXE** (EXE) .

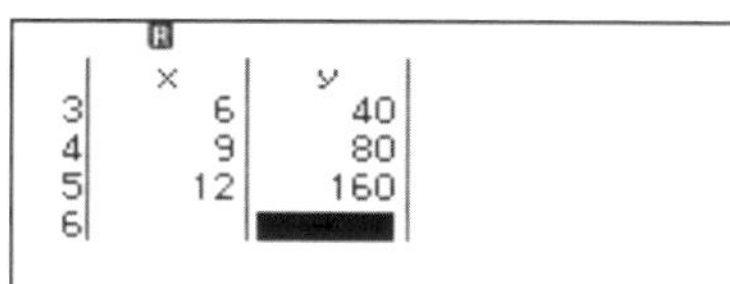

Als Exponentialfunktion wählen wir:

$$y = a \cdot e^\wedge bx$$

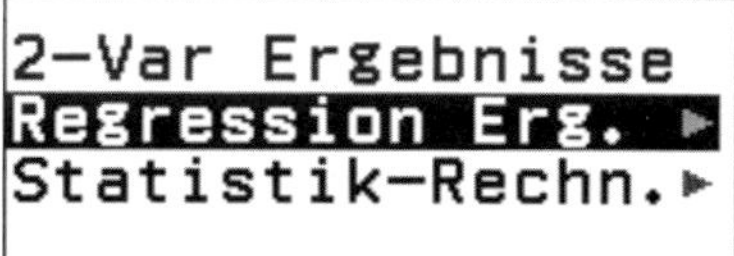

Die gesuchte Funktion lautet:

$$f(x) = y = 10 \cdot e^{0,23}$$

y=ax²+bx+c
y=a+b•ln(x)
y=a•e^(bx)
y=a•b^x

Auch hier kann eine grafische Veranschaulichung mit dem QR-Code Generator sinnvoll sein.

y=a•e^(bx)
a=10
b=0,2310490602
r=1

16 Analysis 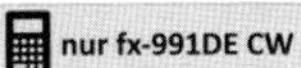

16.1 Ableitung einer Funktion $f(x)$ an einer Stelle x_0

Wir bestimmen die Steigung (1. Ableitung) an der Stelle x_0 von $f(x)$. Bei dem vorliegenden Modell CASIO FX-991DE CW ist der Differenzenquotient für die Ableitung nicht mehr über die Tastatur erreichbar. Wir finden diese Funktion mit der **CATALOG** Taste.

Wir wählen als Funktion:

$$f(x) = x^3 + 4x^2 - 3x + 1, x_0 = 2$$

Die klassische Rechnung liefert:

$$f'(x) = 3x^2 + 8x - 3, x_0 = 2$$

$$f'(2) = 3 \cdot 2^2 + 8 \cdot 2 - 3 = 25$$

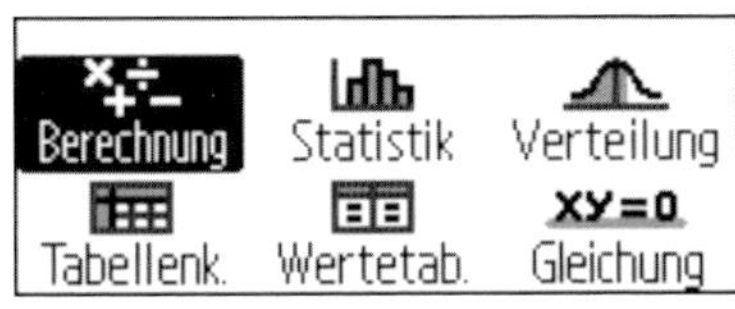

Mit dem Taschenrechner rechnen wir im Hauptmenü **Berechnung** und drücken die **CATLOG** Taste.

Dort wählen wir **Funktionsanalyse** und **Ableitung (d/dx)**.

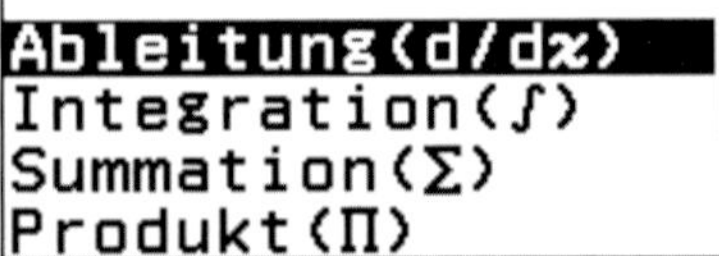

Es erscheint der Term für die Ableitung und wir können den Funktionsterm sowie die gewünschte Stelle x_0 eingeben.

$$\frac{d}{dx}(\square)\Big|_{x=\square}$$

$$\frac{d}{dx}(x^3+4x^2-3x+1)\Big|_{x=2}$$

25

16.2 Tabelle mit Werten für 1. Ableitung einer Funktion füllen

Wir erstellen für die 1. Ableitung der Funktion:

$$f(x) = x^3 + 4x^2 - 3x + 1$$

eine Tabelle.

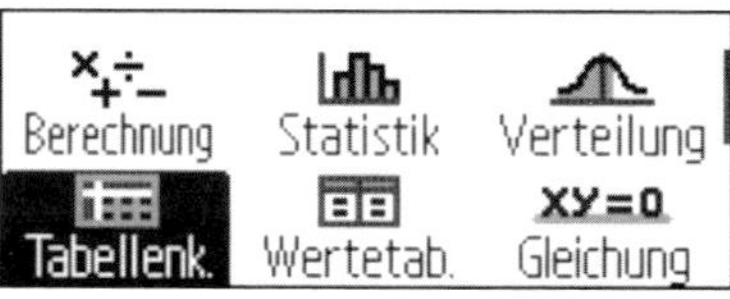

Hierzu wählen wir im Hauptmenü den Punkt **Tabellenkalkulation**.

Mit Formel füllen
Formel=A1+0,5
Zellen:A2:A9
Bestätigen

In die erste Spalte tragen wir x-Werte von -2 bis 2 mit der Schrittweite 0,5 ein.

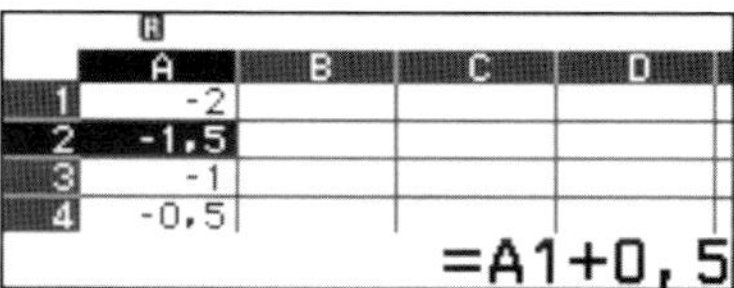

Diese Werte können wir einzeln eingeben oder über die **Formel:** =A1+0,5, wenn wir in die Zelle A1 den Wert -2 eingetragen haben.

Mit Formel füllen
Mit Wert füllen
Zelle bearbeiten
verfüg. Speicher

In die zweite Spalte tragen wir die Ableitung an der Stelle x ein. Dazu springen wir mit dem Cursor in die Zelle B1 und drücken die Taste **TOOLS**, um eine Formel einzugeben.

Ableitung(d/dx)
Integration(∫)
Summation(Σ)
Produkt(Π)

Wichtig: Bei der Eingabe der Formel muss in der Klammer mit Semikolon noch der Bezug zum x-Wert in der Zelle A1 eingegeben werden:

$$d/dx(x^3 + 4x^2 - 3x + 1; A1)$$

Mit Formel füllen
Formel=d/dx(x^(3)
Zellen:B1:B9
Bestätigen

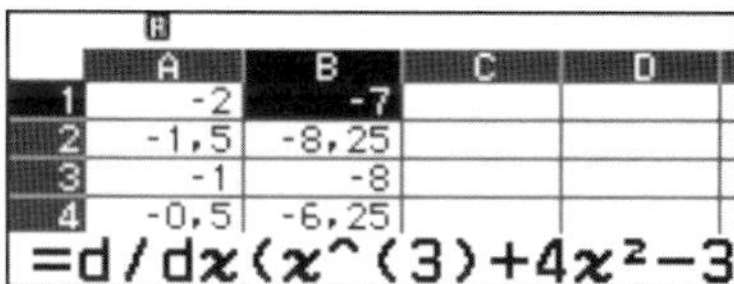

Mit den Pfeiltasten kann man durch die Tabelle wandern und vielleicht schon eine Extremstelle (mit dem Wert Null für die 1. Ableitung) erkennen.

16.3 Extremstellen bestimmen

Der Rechner kann den Term der 1. Ableitung nicht bestimmen. Daher muss der Funktionsterm der 1. Ableitung klassisch bestimmt werden. Anschließend bedeutet die Bestimmung von Hoch- oder Tiefpunkt das Lösen einer Gleichung. Wir bleiben bei der Funktion aus den vorangegangenen Abschnitten.

$$f(x) = x^3 + 4x^2 - 3x + 1$$

Die Ableitungsfunktion lautet:

$$f'(x) = 3x^2 + 8x - 3$$

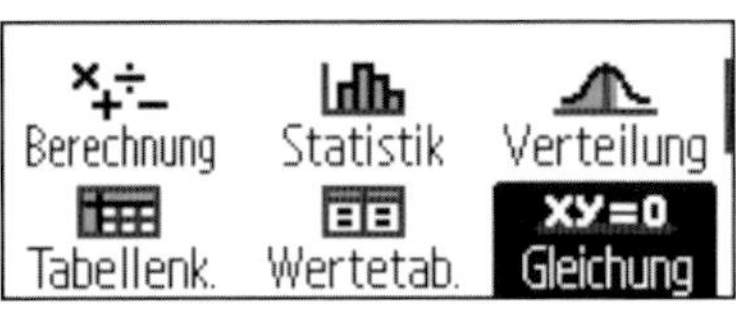

Wir setzten die Ableitungsfunktion null und lösen diese Gleichung.

$$3x^2 + 8x - 3 = 0$$

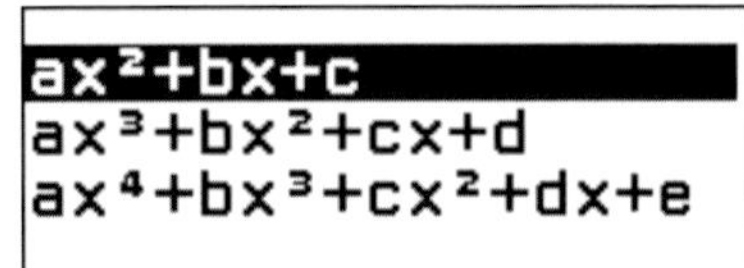

Es handelt sich um eine quadratische Gleichung oder im Sprachgebrauch des Rechners um eine Polynomgleichung 2. Grades.

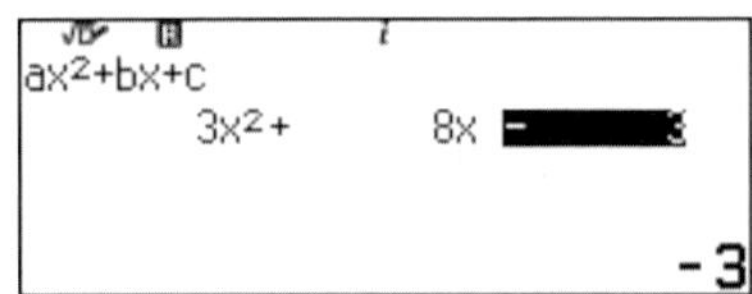

Als Lösung erhalten wir:

$$x_1 = \frac{1}{3} \text{ und } x_2 = -3$$

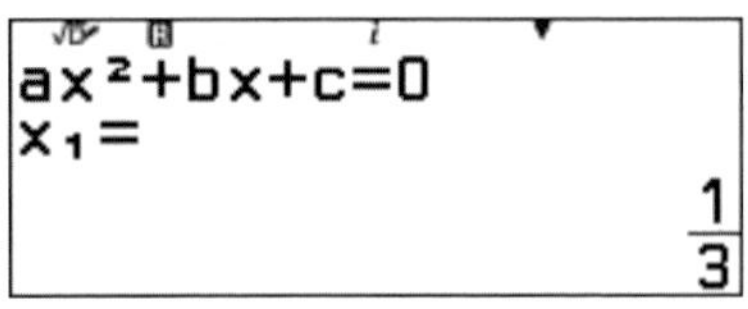

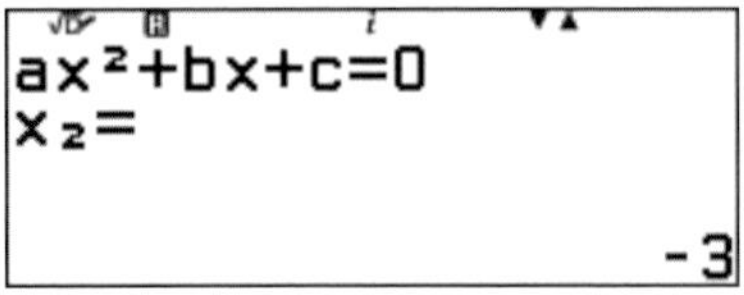

ax²+bx+c=0
x₂=
-3

16.4 Nullstellen, Extremstellen von quadratischen Funktionen

Quadratische Funktionen nehmen eine Sonderrolle ein. Bei quadratischen Funktionen können über den Gleichungslöser die Nullstellen bestimmt werden und darüber hinaus das Minimum oder Maximum der Parabel.

Wir betrachten die **Funktion** $f(x) = x^2 - 5x + 6$ und die dazu gehörige quadratische Gleichung $x^2 - 5x + 6 = 0$, welche die Nullstellen liefert.

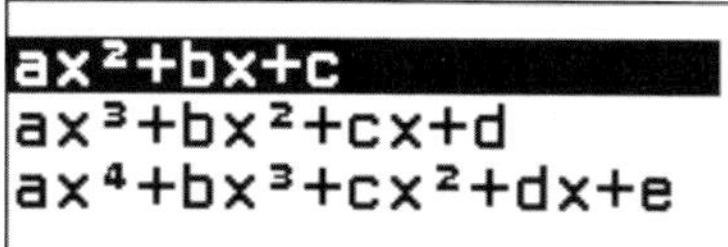

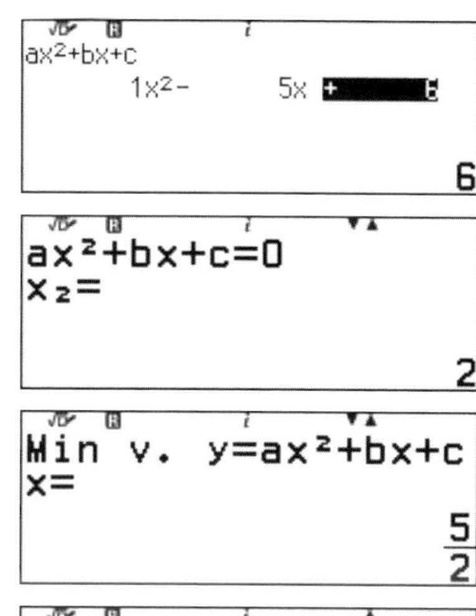

Als Lösung erhalten wir:

$$x_1 = 3 \text{ und } x_2 = 2$$

Nach einem weiteren Drücken der **EXE** (EXE) Taste erhalten wir noch ein Minimum bei $x = \frac{5}{2}$.

Nochmaliges Drücken liefert den dazugehörigen y-Wert: y= $-\frac{1}{4}$.

16.5 Wendestelle einer Funktion ermitteln

Die Bestimmung der Wendestellen läuft auf das Lösen einer Gleichung hinaus. Wir bleiben bei der bisherigen Funktion:

$$f(x) = x^3 + 4x^2 - 3x + 1$$

$$f'(x) = 3x^2 + 8x - 3$$

$$f''(x) = 6x + 8$$

Die 1. Ableitung und 2. Ableitung der Funktion haben wir klassisch ohne Taschenrechner bestimmt.

Wir lösen die Gleichung:

$$6x + 8 = 0.$$

Da es sich hierbei nicht mehr um eine Polynomgleichung vom Grad 2 oder höher handelt, müssen wir die allgemeinen Gleichungslöser verwenden.

16.6 Bestimmtes Integral

Zur Bestimmung eines Integrals einer Funktion in den Grenzen a und b finden wir KEINE eigene Taste auf unserem Rechner. **Die Funktion ist über die CATALOG Taste erreichbar!**

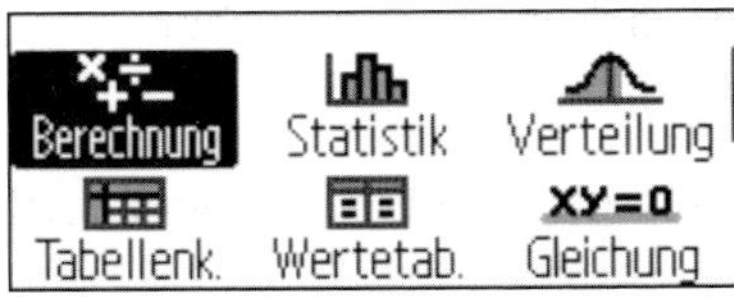

Zur Berechnung müssen wir uns im Berechnungsfenster befinden.

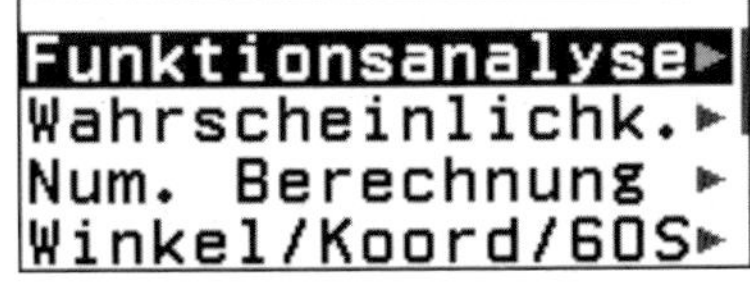

Wir wählen **CATALOG / Funktionsanalyse / Integration**.

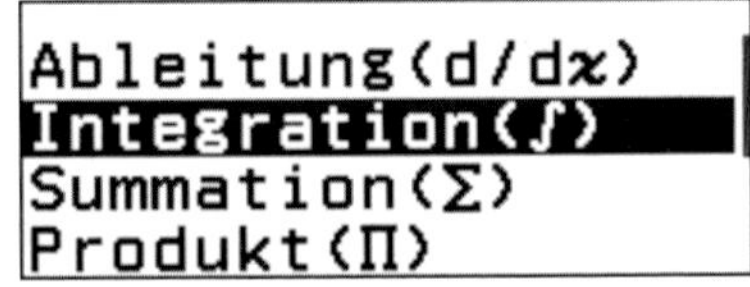

Wir wollen das Integral der Funktion $f(x) = 2x^2 - x$ in den Grenzen von 1 bis 4 berechnen.

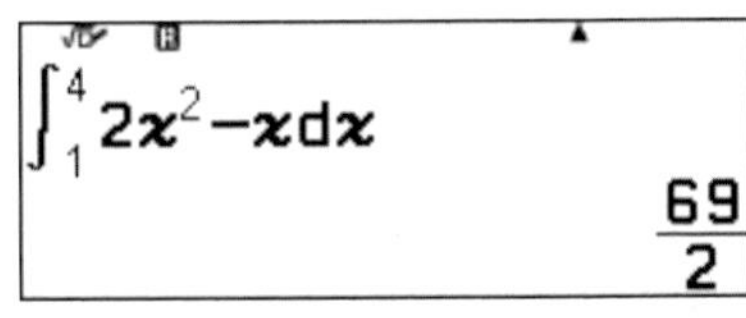

$$\int_1^4 (2x^2 - x)\, dx$$

$$= \left[\frac{2}{3}x^3 - \frac{1}{2}x\right]_1^4$$

$$= 34\frac{2}{3} - \frac{1}{6} = 34\frac{1}{2}$$

Beachte!

Das bestimmte Integral berechnet **NICHT** den Flächeninhalt zwischen Graph und x-Achse, wenn Nullstellen existieren. Dann muss abschnittsweise zwischen den Nullstellen das Integral bestimmt werden!

16.7 Fläche zwischen den Graphen von zwei Funktionen

Der Flächeninhalt zwischen zwei Funktionen und kann **NUR** dann als Integral der Differenz der beiden Funktionen gerechnet werden, wenn

- die beiden Graphen sich in den Berechnungsgrenzen nicht schneiden.
- sie keine Nullstellen haben.
- f(x) in den Berechnungsgrenzen stets größer als g(x) ist.

Beachte! Diese Bedingungen bzw. Einschränkungen liegen fast immer vor, sodass immer zuerst alle Nullstellen und die Schnittpunkte der beiden Graphen berechnet werden sollten, bevor eine Integration erfolgt!

16.8 Volumen von Rotationskörpern

Stellen wir uns den Graphen einer Funktion um die x-Achse rotierend vor. Hierbei ist besonders zu beachten, dass KEINE Nullstellen vorliegen.

Dann berechnen wir „Kreis-Scheibchen" mit dem Radius des x-Wertes. Für eine Kreisscheibe rechnen wir mit dem Zylindervolumen und damit

$$dV = x^2 \cdot \pi \cdot dx\,.$$

Diese Volumenstückchen werden mit dem Integral aufsummiert. Daher gilt für das Rotationsvolumen einer Funktion $f(x)$:

$$V = \pi \cdot \int_a^b \left(f(x)\right)^2 \cdot dx\,.$$

Betrachten wir die proportionale Funktion $f(x) = 0{,}5 \cdot x$. Rotiert der Graph dieser Geraden in den Grenzen von 0 bis 5, ergibt sich ein Kegel mit der Höhe $h = 5$ und dem Radius $r = f(5) = 2{,}5$.

<u>Klassisch als Kegel:</u>

$$V = \frac{1}{3} \cdot r^2 \cdot \pi \cdot h$$

$$= \frac{1}{3} \cdot 2{,}5^2 \cdot \pi \cdot 5 \approx 32{,}7$$

<u>Als Integral:</u>

$$V = \pi \int_0^5 (0{,}5x)^2 \cdot dx$$

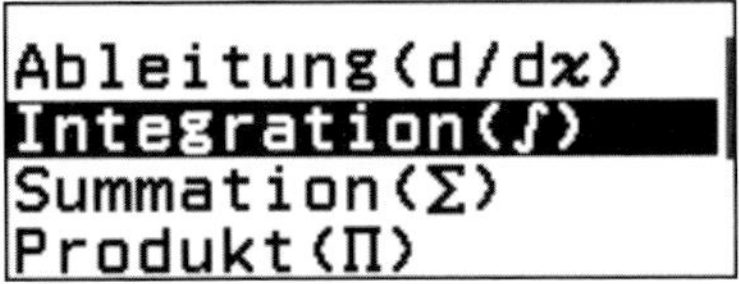

$$\pi \times \int_0^5 (0,5x)^2 dx$$

32,72492347

17 Rechnen mit Vektoren 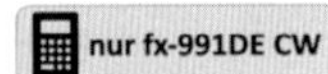

17.1 Einfache Vektoroperationen

Zur Berechnung von Vektorsummen, der Länge von Vektoren, Skalarprodukt und Vektorprodukt wechseln wir im **Hauptmenü** in den Punkt **Vektor**.

17.1.1 Vektoren im Vektorspeicher hinterlegen

Wechselt man im Hauptmenü in die Funktion Vektor, erscheint zuerst die Anzeige:

[TOOLS] drücken,

um Vektor zu definieren.

Wir können 4 Vektoren (A, B, C, D) definieren. Nur mit diesen vordefinierten Vektoren können wir im Anschluss rechnen.

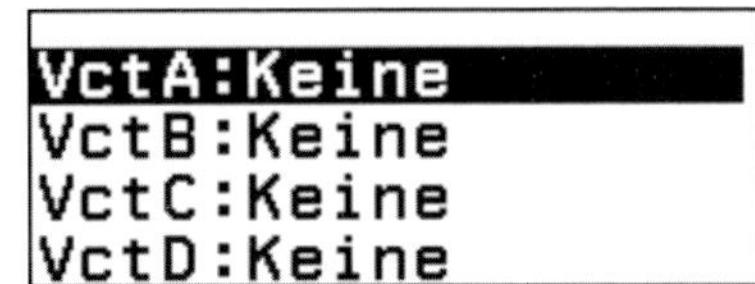

Wir geben die beiden Vektoren ein:

$$\vec{a} = \begin{pmatrix} 1 \\ 3 \\ 5 \end{pmatrix}, \vec{b} = \begin{pmatrix} 0 \\ 1 \\ -3 \end{pmatrix}$$

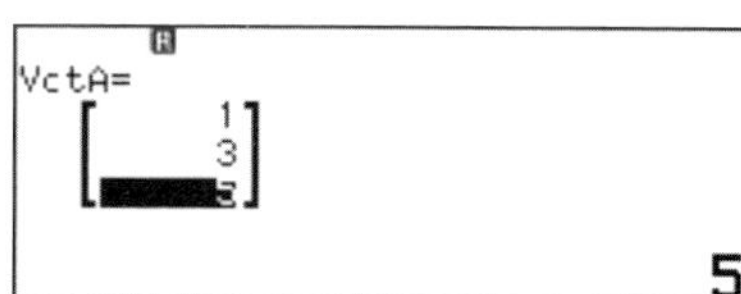

Wir wählen als Dimension 3 und geben die Komponenten der Vektoren ein.

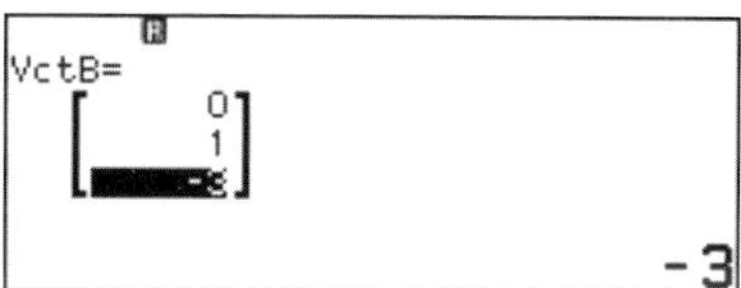

Im Vektorberechnungsfenster erreichen wir mit der **CATALOG** Taste die Funktionen zur Vektorrechnung.

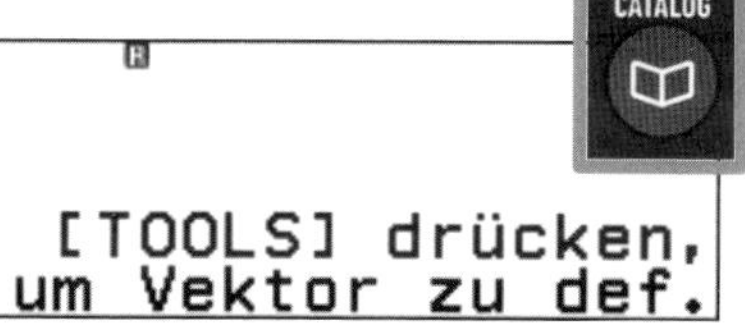

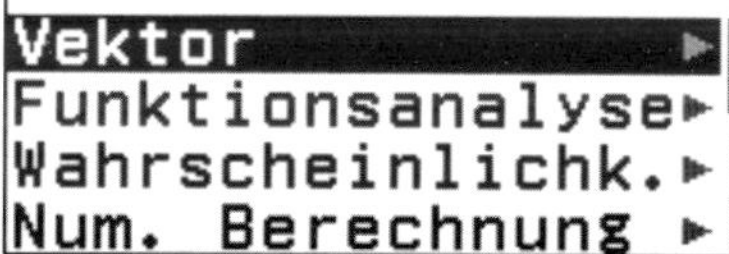

Mit der **CATALOG** Funktion Vektor können wir die einzelnen Vektoren **VctA** bis **VctD** auswählen und die Funktionen zur **Vektorrechnung**:

- Skalarprodukt
- Kreuzprodukt
- Winkel
- Einheitsvektor

aufrufen.

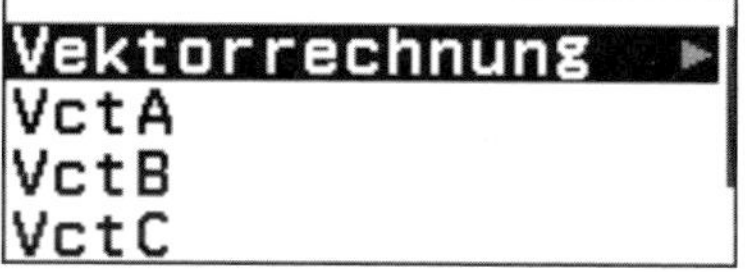

17.1.2 Betrag / Länge eines Vektors

Die Funktion des Betrags verbirgt sich unter **CATALOG / Numerische Berechnung**!

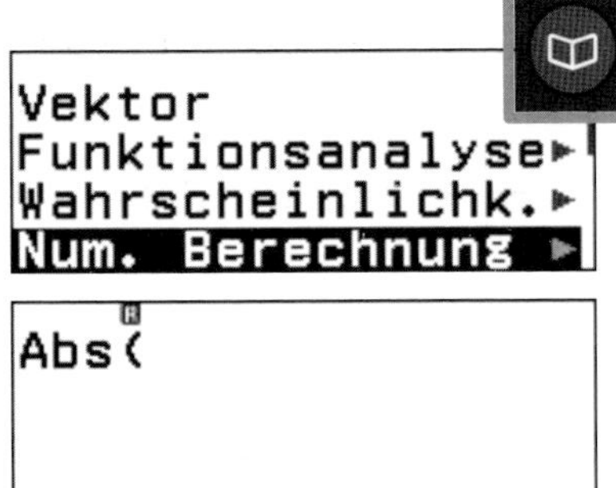

In die „**Abs(**“ Betragsfunktion fügen wir durch nochmaligen Aufruf der CATALOG Taste jetzt den Vektor A **VctA** ein.

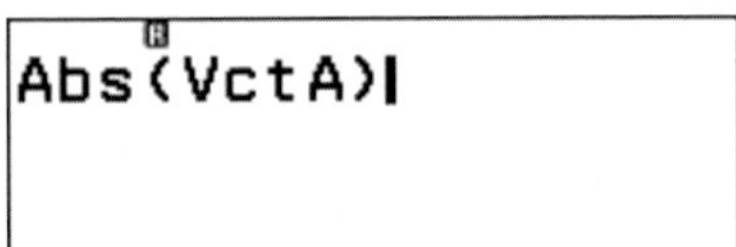

Die Länge des Vektors

$$\vec{a} = \begin{pmatrix} 1 \\ 3 \\ 5 \end{pmatrix}$$

klassisch berechnet:

$|\vec{a}| = \sqrt{1^2 + 3^2 + 5^2} = \sqrt{35} \approx 5{,}91$

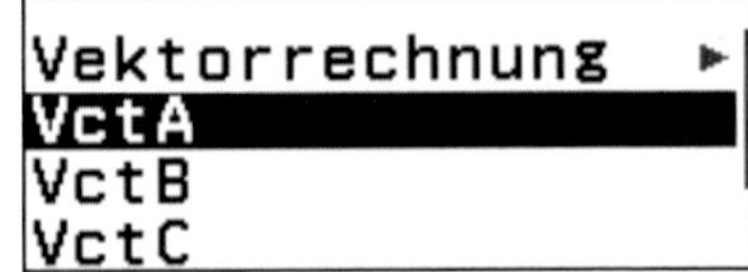

Abs(VctA)
5,916079783

17.1.3 Abstand von zwei Vektoren, Addition, Subtraktion

Wir berechnen den Abstand der beiden Vektoren $\vec{a}$ und $\vec{b}$, die wir unter **VctA** und **VctB** gespeichert haben. Der **Abstand von zwei Punkten** ergibt sich als **Betrag** der Differenz der Ortsvektoren.

Für den Betrag verwenden wir wieder die Funktion **Absolutwert** aus dem **CATALOG** unter dem Punkt **Num. Berechnung**.

$$|\overline{AB}| = |\vec{b} - \vec{a}| = \left|\begin{pmatrix} 0 \\ 1 \\ -3 \end{pmatrix} - \begin{pmatrix} 1 \\ 3 \\ 5 \end{pmatrix}\right|$$

$$= \begin{pmatrix} -1 \\ -2 \\ -8 \end{pmatrix} = \sqrt{1^2 + 2^2 + 8^2}$$

$$= \sqrt{69} \approx 8{,}3$$

Abs(VctB−VctA)
8,306623863

17.1.4 Das Skalarprodukt

Wir berechnen das **Skalarprodukt** der beiden Vektoren $\vec{a}$ und $\vec{b}$.

Hierzu rufen wir im Vektorberechnungsfenster zunächst den Vektor A ab, anschließend das Skalarprodukt und dann den Vektor B.

Vektor ▸
Funktionsanalyse ▸
Wahrscheinlichk. ▸
Num. Berechnung ▸

Vektorrechnung ▸
VctA
VctB
VctC

VctA

Skalarprodukt
Kreuzprodukt
Winkel
Einheitsvektor

VctA·

Vektorrechnung ▸
VctA
VctB
VctC

VctA·VctB

VctA·VctB
-12

$$\vec{a} \cdot \vec{b} = \begin{pmatrix} 1 \\ 3 \\ 5 \end{pmatrix} \cdot \begin{pmatrix} 0 \\ 1 \\ -3 \end{pmatrix} = 1 \cdot 0 + 3 \cdot 1 + 5 \cdot (-3) = 3 - 15 = -12$$

17.1.5 Das Vektorprodukt (Kreuzprodukt)

Wir berechnen das **Vektorprodukt** der beiden Vektoren $\vec{a}$ und $\vec{b}$.

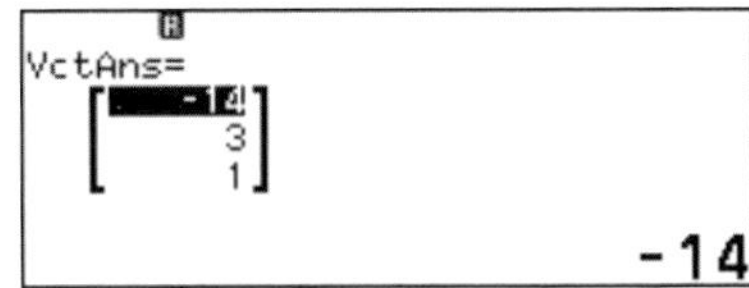

Hierzu gehen wir ähnlich wie bei dem Skalarprodukt vor.

$$\vec{a} \times \vec{b} = \begin{pmatrix} 1 \\ 3 \\ 5 \end{pmatrix} \times \begin{pmatrix} 0 \\ 1 \\ -3 \end{pmatrix} = \begin{pmatrix} -14 \\ 3 \\ 1 \end{pmatrix}$$

17.1.6 Winkel zwischen zwei Vektoren

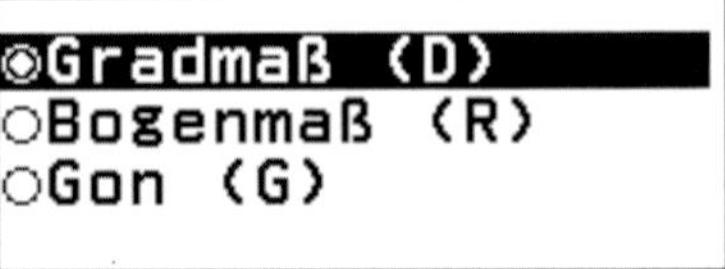

Unter den Einstellungen müssen wir sicherstellen, dass unter **Recheneinstellungen / Winkeleinheit** das Gradmaß eingestellt ist.

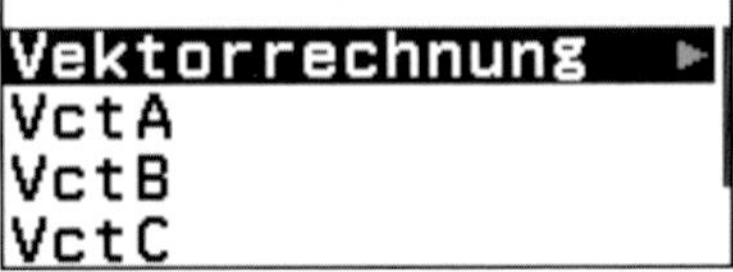

Jetzt wählen wir im Hauptmenü Vektor über die **CATALOG** Taste die Funktion **Vektorrechnung / Winkel**.

Skalarprodukt
Kreuzprodukt
Winkel
Einheitsvektor

Anschließend wählen wir noch die beiden Vektoren aus, die wir mit einem Semikolon trennen.

Angle(VctA;VctB)
129,8983083

Aus der Definition des Skalarproduktes kennen wir die Formel für den Winkel zwischen zwei Vektoren.

$$\cos(\alpha) = \frac{\vec{a} \cdot \vec{b}}{|\vec{a}| \cdot |\vec{b}|} = \frac{-12}{\sqrt{12} \cdot \sqrt{10}} \approx -0{,}61, \alpha \approx 130°$$

17.1.7 Einheitsvektor - Vektor normieren auf die Länge 1

Um einen Vektor auf die Länge 1 zu normieren, verwenden wir die Option **Vektorrechnung / Einheitsvektor** unter der Taste **CATALOG** im Hauptmenü **Vektor**.

Anschließend wählen wir den gewünschten Vektor aus.

Es gilt:

$$\vec{a}_{|1|} = \frac{1}{|\vec{a}|} \cdot \vec{a} = \frac{1}{\sqrt{35}} \begin{pmatrix} 1 \\ 3 \\ 5 \end{pmatrix} \approx \begin{pmatrix} 0{,}17 \\ 0{,}51 \\ 0{,}85 \end{pmatrix}$$

VctAns=
0,507
0,8451
0,1690308509

17.2 Standardaufgaben der Vektorrechnung

17.2.1 Lineare Abhängigkeit von Vektoren

Drei Vektoren sind linear unabhängig, wenn durch nur eine mögliche Linearkombination aller drei Vektoren der Nullvektor gebildet werden kann. Alle Koeffizienten der Linearkombination müssen Null sein! Das läuft auf das Lösen eines linearen Gleichungssystems heraus.

Wir wollen prüfen, ob die drei Vektoren

$$\vec{a} = \begin{pmatrix} 4 \\ 0 \\ -1 \end{pmatrix}, \vec{b} = \begin{pmatrix} 1 \\ -2 \\ -5 \end{pmatrix}, \vec{c} = \begin{pmatrix} -2 \\ -2 \\ 0 \end{pmatrix},$$

linear unabhängig sind.

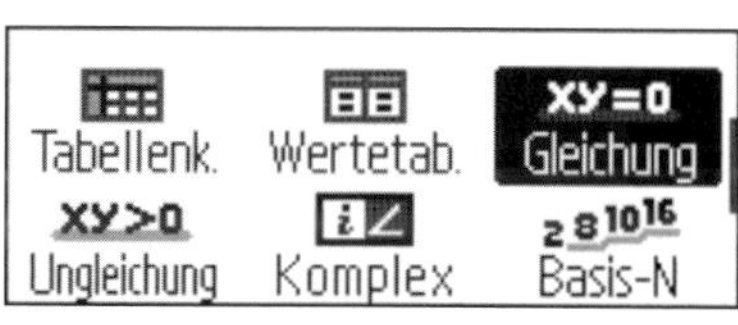

Bei linearer Unabhängigkeit gibt es nur eine Lösung:

$$(x = 0, y = 0, z = 0)$$

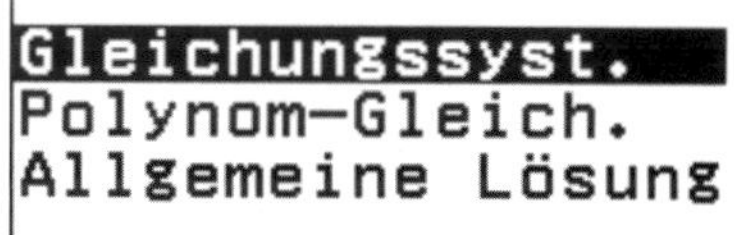

für das Gleichungssystem.

$$x \cdot \begin{pmatrix} 4 \\ 0 \\ -1 \end{pmatrix} + y \cdot \begin{pmatrix} 1 \\ -2 \\ -5 \end{pmatrix} + z \cdot \begin{pmatrix} -2 \\ -2 \\ 0 \end{pmatrix} = \begin{pmatrix} 0 \\ 0 \\ 0 \end{pmatrix}$$

Wir lösen das lineare Gleichungssystem mit drei Unbekannten mit dem Rechner:

4x + 1y − 2z
0x − 2y − 2z
−1x − 5y + 0z
-1

$$(1)\quad 4x + y - 2z = 0$$

$$(2)\quad -2y - 2z = 0$$

$$(3)\quad -x - 5y = 0$$

x= 0

y= 0

y= 0

Wir erhalten als Ergebnis:

$$x = 0, y = 0, z = 0$$

Die Vektoren sind somit linear unabhängig.

17.2.2 Punktprobe Gerade - Liegt ein Punkt auf einer Geraden?

Wir prüfen, ob der Punkt **P (1|3|-2)** auf der Geraden **g** liegt, die in Parameterform vorliegt:

$$g: \vec{x} = \begin{pmatrix} 4 \\ 2 \\ 1 \end{pmatrix} + \lambda \cdot \begin{pmatrix} -3 \\ 1 \\ -3 \end{pmatrix}$$

Wir setzen den Punkt **P** in die Gleichung ein und müssen das Gleichungssystem lösen:

$$\begin{pmatrix} 1 \\ 3 \\ -2 \end{pmatrix} = \begin{pmatrix} 4 \\ 2 \\ 1 \end{pmatrix} + \lambda \cdot \begin{pmatrix} -3 \\ 1 \\ -3 \end{pmatrix}$$

Hierzu rufen wir im Hauptmenü **Gleichung / Allgemeine Lösung** auf und geben die erste Gleichung ein.

Wir erhalten das Ergebnis $x = 1$ bzw. $\lambda = 1$.

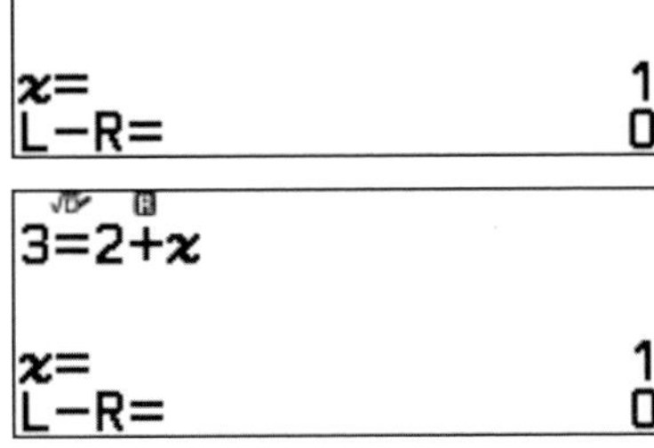

Jetzt lösen wir die anderen beiden Gleichungen. Erhalten wir ebenfalls die Lösung $x = 1$, dann liegt der Punkt auf der Geraden.

```
-2=1-3x

x=                              1
L-R=                            0
```

17.2.3 Abstand Punkt – Gerade

Den Abstand eines Punktes **P** von einer Geraden **g** bestimmen wir mit einer Hilfsebene, die durch den Punkt **P** verläuft. In diesem Fall ist der Richtungsvektor der Geraden ein Normalenvektor der Ebene. Mit dieser Hilfsebene bestimmen wir den Lotfußpunkt als Schnittpunkt der Ebene mit der Geraden. Der Abstand des Lotfußpunktes zu Punkt **P** ist der gesuchte Abstand des Punktes von der Geraden!

Wir berechnen hier Schritt für Schritt den Abstand des Punktes $\boldsymbol{P}\ (\mathbf{1} \mid \mathbf{4} \mid \mathbf{1}\ )$ von der Geraden mit der Gleichung:

$$g: \vec{x} = \begin{pmatrix} -1 \\ 0 \\ 2 \end{pmatrix} + \lambda \cdot \begin{pmatrix} 2 \\ 1 \\ -1 \end{pmatrix}$$

Der Richtungsvektor der Geraden **g** ist ein Normalenvektor der Ebene, die senkrecht zu g durch den Punkt **P** verläuft. Es gilt für diese Ebene die Punkt-Normalenform: $\vec{n} \cdot (\vec{x} - \vec{p}) = 0$

Wir setzen ein:

$$\begin{pmatrix} 2 \\ 1 \\ -1 \end{pmatrix} \cdot \left(\begin{pmatrix} x_1 \\ x_2 \\ x_3 \end{pmatrix} - \begin{pmatrix} 1 \\ 4 \\ 1 \end{pmatrix} \right) = 0$$

Wenn wir diese Gleichung (das Skalarprodukt) ausrechnen, erhalten wir eine Ebenengleichung in Koordinatenform:

$$2x_1 + x_2 + x_3 - 7 = 0$$

Allerdings setzen wir die Geradengleichung in die Normalengleichung ein, um den Lotfußpunkt zu erhalten.

$$\begin{pmatrix} 2 \\ 1 \\ -1 \end{pmatrix} \cdot \left(\begin{pmatrix} -1 \\ 0 \\ 2 \end{pmatrix} + \lambda \cdot \begin{pmatrix} 2 \\ 1 \\ -1 \end{pmatrix} - \begin{pmatrix} 1 \\ 4 \\ 1 \end{pmatrix} \right) = 0$$

Ausmultipliziert führt uns diese Gleichung auf eine Gleichung mit einer Unbekannten, die wir mit dem Rechner lösen wollen.

$$\begin{pmatrix}2\\1\\-1\end{pmatrix}\cdot\begin{pmatrix}-1\\0\\2\end{pmatrix}+\lambda\cdot\begin{pmatrix}2\\1\\-1\end{pmatrix}\cdot\begin{pmatrix}2\\1\\-1\end{pmatrix}-\begin{pmatrix}2\\1\\-1\end{pmatrix}\cdot\begin{pmatrix}1\\4\\1\end{pmatrix}=0$$

$$\Leftrightarrow \qquad 6\lambda-9=0$$

Wir lösen die Gleichung

$$6\lambda-9=0$$

mit dem Rechner, obwohl die Lösung in diesem Fall offensichtlich ist.

$$\lambda=\frac{9}{6}=1{,}5$$

Gleichungssyst.
Polynom-Gleich.
Allgemeine Lösung

6x−9=0
x= 1,5
L−R= 0

Wir setzen λ in die Geradengleichung ein und erhalten den Lotfußpunkt.

$$\vec{x}=\begin{pmatrix}-1\\0\\2\end{pmatrix}+1{,}5\cdot\begin{pmatrix}2\\1\\-1\end{pmatrix}=\begin{pmatrix}2\\1{,}5\\0{,}5\end{pmatrix}$$

Lotfußpunkt: $L\,(2 \mid 1{,}5 \mid 0{,}5)$

Punkt: $P\,(1 \mid 4 \mid 1)$

Der gesuchte Abstand ist der Abstand zwischen diesen beiden Punkten. Daher legen wir die beiden Punkte als Vektoren an und berechnen den Betrag der Differenz.

VctA:

$$\vec{l}=\begin{pmatrix}2\\1{,}5\\0{,}5\end{pmatrix}$$

VctB:

$$\vec{p}=\begin{pmatrix}1\\4\\1\end{pmatrix}$$

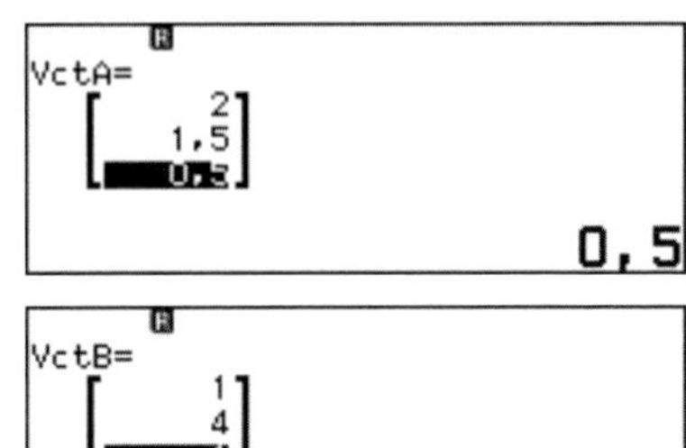

Der Abstand von L zu P beträgt:

$$|\vec{p} - \vec{l}| \approx 2{,}74$$

```
Abs(VctB-VctA)
        2,738612788
```

17.2.4 Ebene von Koordinatenform in Normalenform umwandeln

Von einer Ebene sei die Koordinatenform: $2x_1 + 3x_2 + x_3 = 10$ gegeben.

Dann kann ein Normalenvektor direkt abgelesen werden:

$$\vec{n} = \begin{pmatrix} 2 \\ 3 \\ 1 \end{pmatrix}$$

Für die Normalenform benötigen wir nur noch einen Punkt, d. h. wir setzen einfach zwei Koordinaten gleich null und lösen die verbleibende Gleichung. Z. B. $x_2 = 0$ und $x_3 = 0$.

$$2x_1 = 10 \Leftrightarrow x_1 = 5$$

```
2x=10

x=          5
L-R=        0
```

Damit haben wir einen Punkt auf der Ebene bzw. einen passenden Ortsvektor $\vec{p} = \begin{pmatrix} 5 \\ 0 \\ 0 \end{pmatrix}$ und können die Normalenform der Geraden direkt hinschreiben:

$$\begin{pmatrix} 2 \\ 3 \\ 1 \end{pmatrix} \cdot \left(\vec{x} - \begin{pmatrix} 5 \\ 0 \\ 0 \end{pmatrix} \right) = 0$$

17.2.5 Ebene aus Normalenform in Koordinatenform umstellen

Gegeben sei die Ebenengleichung in Normalenform:

$$\begin{pmatrix}-2\\2\\5\end{pmatrix}\cdot\left(\vec{x}-\begin{pmatrix}2\\1\\-1\end{pmatrix}\right)=0$$

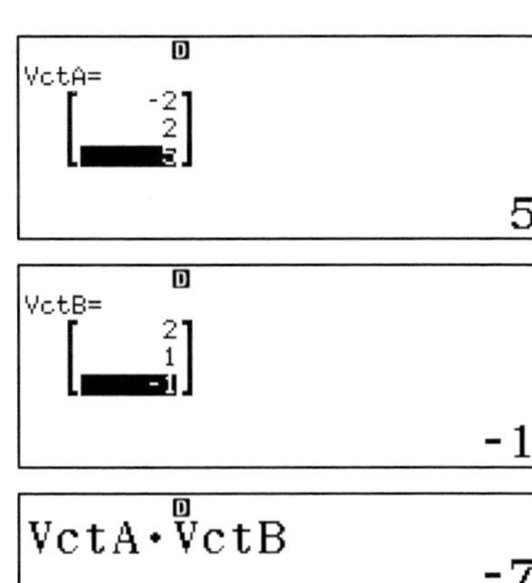

Wir benötigen das Skalarprodukt aus den beiden Vektoren in dieser Gleichung.

$$\begin{pmatrix}-2\\2\\5\end{pmatrix}\cdot\begin{pmatrix}2\\1\\-1\end{pmatrix}=-4+2-5=-7$$

Das Skalarprodukt berechnen wir mit dem Rechner, indem wir die beiden Vektoren als **VctA** und **VctB** eingeben. Anschließend berechnen wir das Skalarprodukt.

Jetzt multiplizieren wir aus:

$$\begin{pmatrix}-2\\2\\5\end{pmatrix}\cdot\left(\begin{pmatrix}x_1\\x_2\\x_3\end{pmatrix}-\begin{pmatrix}2\\1\\-1\end{pmatrix}\right)=0$$

$$-2x_1+2x_2+5x_3-(-)7=0$$

Damit lautet die Koordinatenform der Ebene:

$$-2x_1+2x_2+5x_3=-7$$

17.2.6 Ebene in Parameterform in Normalenform bringen

Gegeben sei eine Ebene in der Parameterform:

$$e: \vec{x} = \begin{pmatrix} -1 \\ 0 \\ 2 \end{pmatrix} + \lambda \cdot \begin{pmatrix} 2 \\ 1 \\ -1 \end{pmatrix} + \mu \cdot \begin{pmatrix} -1 \\ 0 \\ 3 \end{pmatrix}$$

Für die Normalenform bilden wir das Vektorprodukt der beiden Richtungsvektoren, um einen Normalenvektor zu erhalten.

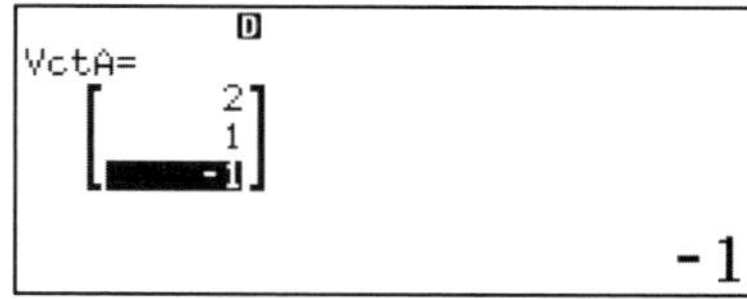

Hierzu geben wir die beiden Richtungsvektoren ein und rufen anschließend die Funktion des Vektorprodukts auf.

VctA×VctB

VctA: $\vec{a} = \begin{pmatrix} 2 \\ 1 \\ -1 \end{pmatrix}$

VctB: $\vec{b} = \begin{pmatrix} -1 \\ 0 \\ 3 \end{pmatrix}$

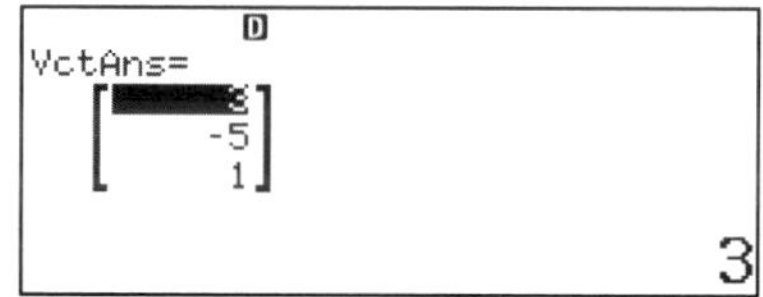

Der Normalenvektor wurde berechnet zu: $\vec{n} = \begin{pmatrix} 3 \\ -5 \\ 1 \end{pmatrix}$

Als Punkt für die Normalenform nehmen wir den Aufpunktvektor:

$$\vec{p} = \begin{pmatrix} -1 \\ 0 \\ 2 \end{pmatrix}$$

Als Normalenform bauen wir nun die Vektoren in die Gleichung ein und erhalten die Gleichung in Normalenform:

$$\begin{pmatrix} 3 \\ -5 \\ 1 \end{pmatrix} \cdot \left(\vec{x} - \begin{pmatrix} -1 \\ 0 \\ 2 \end{pmatrix} \right) = 0$$

17.2.7 Punktprobe Ebene - Bei Normalengleichung der Ebene

Die Ebene $\boldsymbol{e}$ sei geben durch die Punkt-Normalen-Gleichung:

$$\begin{pmatrix}2\\1\\1\end{pmatrix}\cdot\left(\vec{x}-\begin{pmatrix}1\\4\\1\end{pmatrix}\right)=0$$

Geprüft werden soll, ob der Punkt $\boldsymbol{P}\ (\mathbf{-1}\ |\ \mathbf{4}\ |\ \mathbf{5})$ in der Ebene liegt.

Für die Berechnung müssen wir 3 Vektoren in unseren Speicher eintragen:

VctA: $\vec{a}=\begin{pmatrix}2\\1\\1\end{pmatrix}$

VctB: $\vec{b}=\begin{pmatrix}1\\4\\1\end{pmatrix}$

VctC: $\vec{c}=\begin{pmatrix}-1\\4\\5\end{pmatrix}$

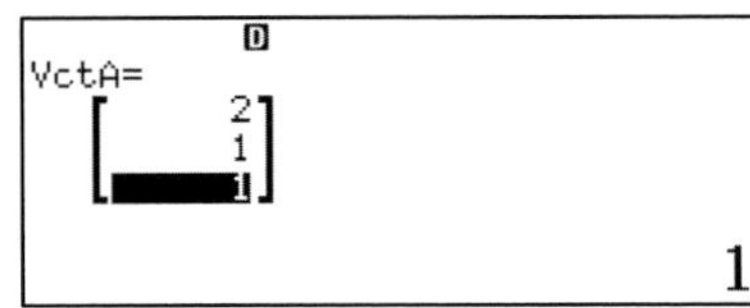

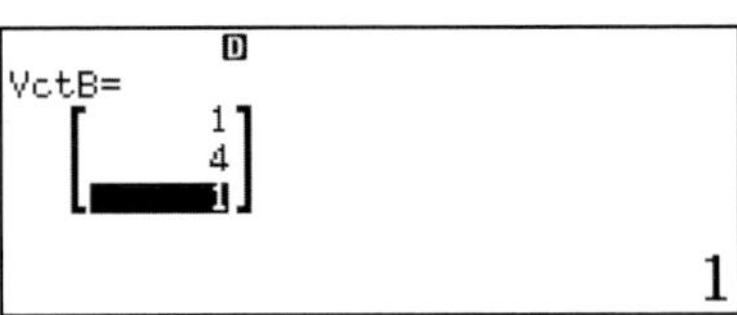

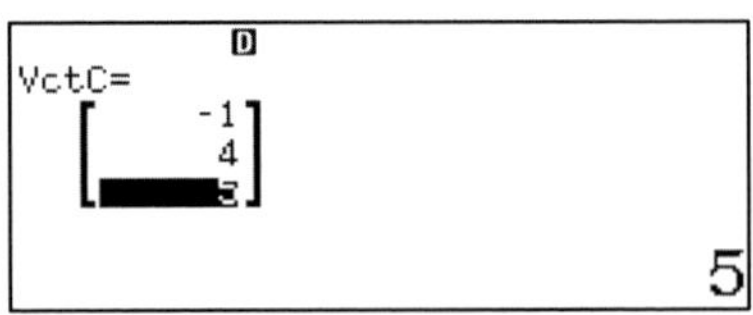

Anschließend geben wir den Vektorterm ein:

$$VctA\cdot(VctC-VctB)$$

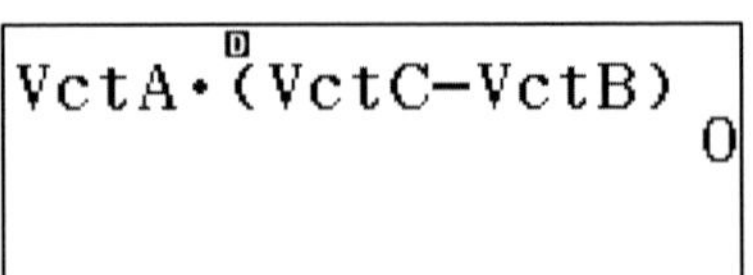

Wenn der Term Null ergibt, liegt der Punkt in der Ebene.

17.2.8 Abstand Punkt – Ebene (1): Lotgerade und Lotfußpunkt

Gegeben sei der Punkt $\boldsymbol{P}\,(\mathbf{7} \mid \mathbf{2} \mid -\mathbf{1})$ und die Ebenengleichung in Parameterform.

$$e\colon \vec{x} = \begin{pmatrix} -1 \\ 0 \\ 2 \end{pmatrix} + \lambda \cdot \begin{pmatrix} 2 \\ 1 \\ -1 \end{pmatrix} + \mu \cdot \begin{pmatrix} -1 \\ 0 \\ 3 \end{pmatrix}$$

Aus dem Punkt **P** und dem Normalenvektor der Ebene kann eine **Lotgerade** gebildet werden. Der Schnittpunkt der Lotgeraden mit der Ebene liefert den sog. Lotfußpunkt **L**.

Der Abstand von P zum Lotfußpunkt L ist der Abstand der Ebene zum Punkt P.

Wir bestimmen einen Normalenvektor aus dem Kreuzprodukt (Vektorprodukt) der beiden Richtungsvektoren. Hierzu geben wir die beiden Richtungsvektoren ein:

VctA: $\vec{a} = \begin{pmatrix} 2 \\ 1 \\ -1 \end{pmatrix}$

VctB: $\vec{b} = \begin{pmatrix} -1 \\ 0 \\ 3 \end{pmatrix}$

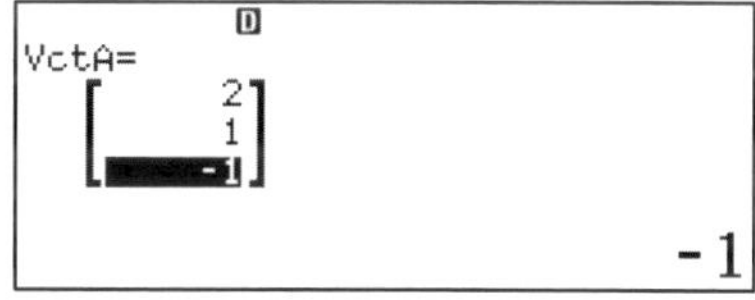

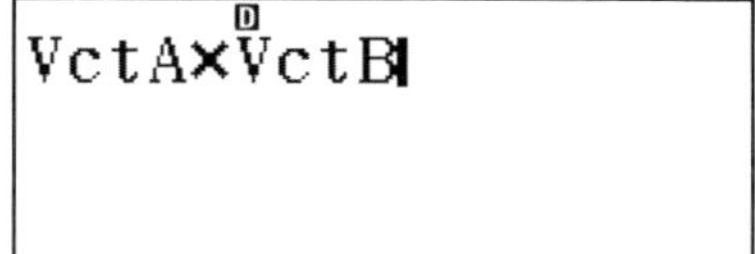

Der Normalenvektor lautet:

$$\vec{n} = \begin{pmatrix} 3 \\ -5 \\ 1 \end{pmatrix}$$

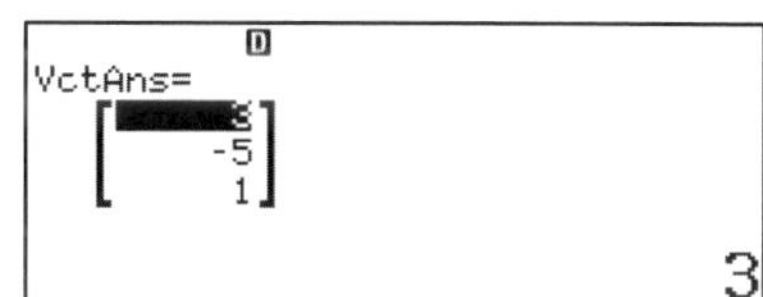

Mit dem Punkt $\boldsymbol{P}\,(\mathbf{7} \mid \mathbf{2} \mid -\mathbf{1})$ und dem Normalenvektor

$\vec{n} = \begin{pmatrix} 3 \\ -5 \\ 1 \end{pmatrix}$ bilden wir die Gleichung der Lotgeraden.

$$g\colon \vec{x} = \begin{pmatrix} 7 \\ 2 \\ -1 \end{pmatrix} + \nu \cdot \begin{pmatrix} 3 \\ -5 \\ 1 \end{pmatrix}$$

Wir setzen Gerade und Ebenengleichung gleich und müssen nun ein Gleichungssystem mit 3 Unbekannten lösen.

$$\begin{pmatrix}7\\2\\-1\end{pmatrix}+\nu\cdot\begin{pmatrix}3\\-5\\1\end{pmatrix}=\begin{pmatrix}-1\\0\\2\end{pmatrix}+\lambda\cdot\begin{pmatrix}2\\1\\-1\end{pmatrix}+\mu\cdot\begin{pmatrix}-1\\0\\3\end{pmatrix}$$

Wir formen etwas um, damit wir die Parameter in den Rechner eingeben können:

$$\nu\cdot\begin{pmatrix}3\\-5\\1\end{pmatrix}-\lambda\cdot\begin{pmatrix}2\\1\\-1\end{pmatrix}-\mu\cdot\begin{pmatrix}-1\\0\\3\end{pmatrix}=\begin{pmatrix}-8\\-2\\3\end{pmatrix}$$

Wir lösen ein lineares Gleichungssystem mit 3 Unbekannten.

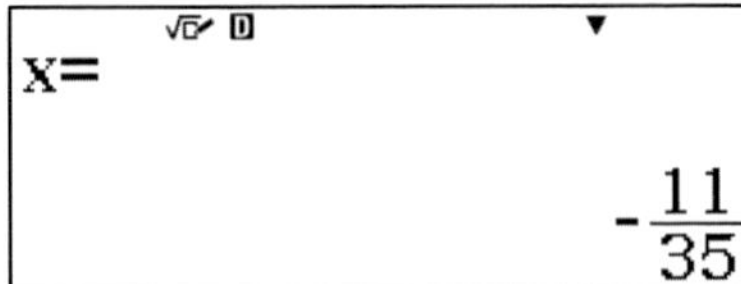

x entspricht hierbei $\nu=-\frac{11}{35}$ für die Geradengleichung.

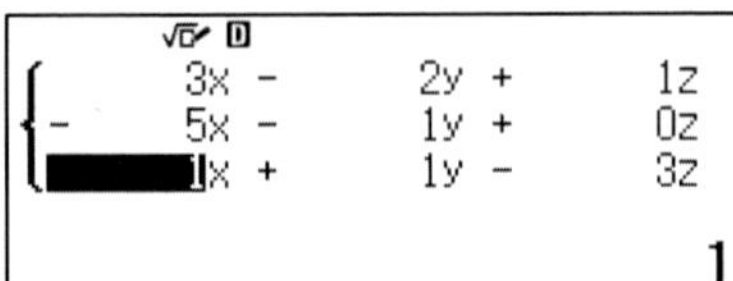

Eingesetzt erhalten wir den Lotfußpunkt:

$$g:\vec{x}=\begin{pmatrix}7\\2\\-1\end{pmatrix}-\frac{11}{35}\cdot\begin{pmatrix}3\\-5\\1\end{pmatrix}=\begin{pmatrix}\frac{212}{35}\\\frac{25}{7}\\-\frac{46}{35}\end{pmatrix}$$

y=
25/7

$$L\left(\frac{212}{35}\middle|\frac{25}{7}\middle|-\frac{46}{35}\right)$$

z=
3/35

Nach bekanntem Schema können wir jetzt den Abstand der beiden Punkte berechnen.

Abs(VctB−VctA)
1,85933936

Der Abstand des Punktes von der Ebene beträgt:

$$|\vec{l}-\vec{p}|\approx 1{,}86$$

17.2.9 Abstand Punkt – Ebene (2): Lotgerade, Lotfußpunkt mit Koordinatengleichung

Gegeben sei der Punkt $\boldsymbol{P}\,(\mathbf{7} \mid \mathbf{2} \mid -\mathbf{1})$ und die Ebenengleichung in Koordinatenform: $\boldsymbol{e}\colon 3x_1 - 5x_2 + x_3 = -1$

Die Werte für x_1, x_2, x_3 der Lotgeraden (siehe Abschnitt zuvor) setzen wir in die Koordinatengleichung ein.

$$g\colon \vec{x} = \begin{pmatrix} x_1 \\ x_2 \\ x_3 \end{pmatrix} = \begin{pmatrix} 7 \\ 2 \\ -1 \end{pmatrix} + \nu \cdot \begin{pmatrix} 3 \\ -5 \\ 1 \end{pmatrix}$$

$$x_1 = 7 + 3\nu\,,\; x_2 = 2 - 5\nu\,,\; x_3 = -1 + \nu$$

Eingesetzt in $\boldsymbol{e}$: $3x_1 - 5x_2 + x_3 = -1$

$$3 \cdot (7 + 3\nu) - 5 \cdot (2 - 5\nu) - 1 + \nu = -1$$

Diese Gleichung können wir in dieser Komplexität eingeben oder selbst noch etwas vereinfachen und dann mit der Funktion **Gleichung** mit dem Rechner lösen.

Wir erhalten als Lösung: $\nu = -\frac{11}{35}$

Mit diesem Wert können wir den Lotfußpunkt aus der Lotgeraden erhalten und wie im vorherigen Abschnitt den Abstand zum gegebenen Punkt **P** ausrechnen.

17.2.10 Lagebeziehung zweier Geraden, Abstand windschiefer Geraden

Gegeben sin die beiden Geraden:

$$g\colon \vec{x} = \begin{pmatrix} 3 \\ 2 \\ -1 \end{pmatrix} + \lambda \cdot \begin{pmatrix} 3 \\ -2 \\ 1 \end{pmatrix}, \qquad h\colon \vec{x} = \begin{pmatrix} 1 \\ 1 \\ 1 \end{pmatrix} + \mu \cdot \begin{pmatrix} -2 \\ 1 \\ 0 \end{pmatrix}$$

Es ist offensichtlich, dass beide Richtungsvektoren nicht linear abhängig sind (siehe Vorzeichen und Nullkomponente). Daher kommen nur zwei Möglichkeiten in Betracht:

- Die Geraden schneiden sich.
- Die Geraden verlaufen windschief.

1. Fall: Schnittpunkt prüfen

Wir setzen beide Gleichungen gleich und formen etwas um.

$$\lambda \cdot \begin{pmatrix} 3 \\ -2 \\ 1 \end{pmatrix} - \mu \cdot \begin{pmatrix} -2 \\ 1 \\ 0 \end{pmatrix} = \begin{pmatrix} -2 \\ -1 \\ 2 \end{pmatrix}$$

Wir müssen ein Gleichungssystem mit 3 Gleichungen und 2 Unbekannten lösen. Das Gleichungssystem ist überbestimmt. Wir betrachten nur die ersten beiden Gleichungen und lösen ein Gleichungssystem mit 2 Gleichungen und 2 Unbekannten. Sollte dieses lösbar sein und 2 eindeutige Lösungen liefern, müssen wir die dritte Gleichung mit diesen Werten noch prüfen.

Lösung eines linearen Gleichungssystems für die ersten beiden Zeilen:

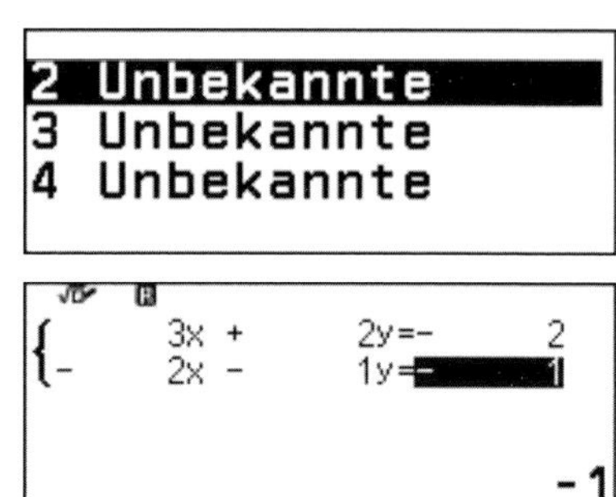

Wir erhalten als Lösung:

$$x = 4, y = -7$$

Die dritte Gleichung lautet $\lambda = 2$. Da $\lambda = x$ ist, sehen wir, dass dies nicht erfüllt ist.

Daher schneiden sich die beiden Geraden nicht und sie sind windschief.

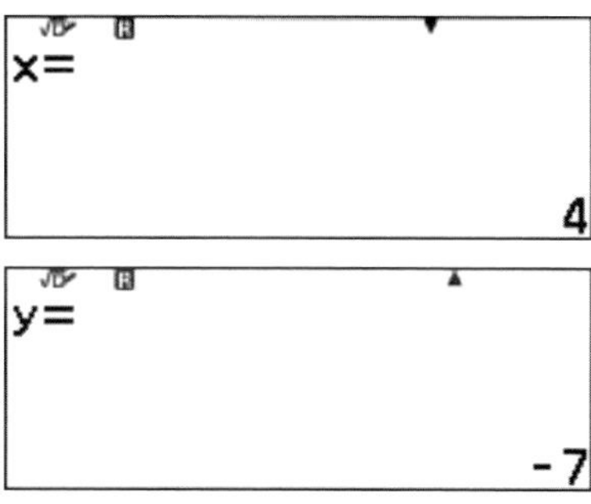

2. Fall: Abstand windschiefer Geraden berechnen

Für zwei windschiefe Geraden gilt die Abstandsformel:

$$d = |(\vec{q} - \vec{p}) \cdot \overrightarrow{n_0}|.$$

$\vec{q}$ und $\vec{p}$ sind hier die Aufpunktvektoren der beiden Geraden und $\overrightarrow{n_0}$ ist der auf 1 normierte Normalenvektor, der aus den beiden Richtungsvektoren gebildet wird. Diese Formel erhält man über den Umweg der Abstandsberechnung eines Punktes von einer Ebene, wenn man aus den beiden Richtungsvektoren der beiden Geraden eine Ebene konstruiert. In unserem Fall gilt:

$$\vec{p} = \begin{pmatrix} 3 \\ 2 \\ -1 \end{pmatrix}, \quad \vec{q} = \begin{pmatrix} 1 \\ 1 \\ 1 \end{pmatrix}, \quad \vec{n} = \begin{pmatrix} 3 \\ -2 \\ 1 \end{pmatrix} \times \begin{pmatrix} -2 \\ 1 \\ 0 \end{pmatrix}$$

Die Vektoren speichern wir in den vier möglichen Vektorspeichern **VctA** bis **VctD.** Jetzt führen wir die Rechenoperationen im Vektormodus durch.

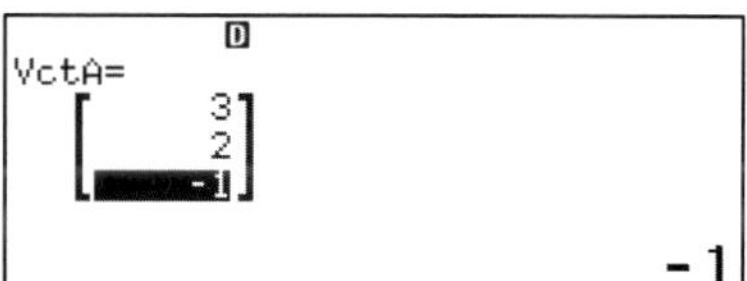

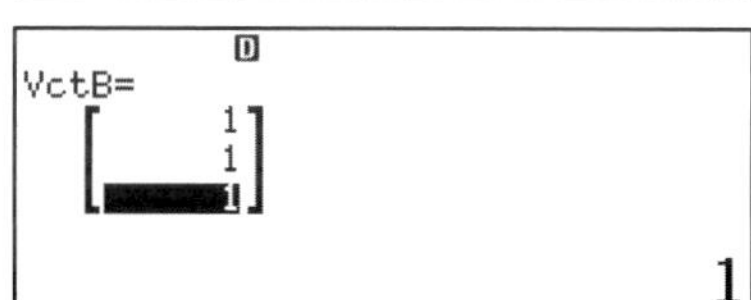

Der Abstand der beiden Geraden beträgt $d \approx 0{,}81$.

17.2.11 Lagebeziehung Punkt - Kugel

Wir wollen prüfen, ob der Punkt **P(1 | 4| 7)** auf der Kugel mit der Gleichung

$$(x_1 - 4)^2 + (x_2 + 1)^2 + (x_3 - 2)^2 = 6^2$$

liegt oder ob der Punkt innerhalb oder außerhalb der Kugel liegt.

Wir stellen diese Gleichung in eine vektorielle Form um:

$$\left|\vec{x} - \begin{pmatrix} 4 \\ -1 \\ 2 \end{pmatrix}\right|^2 = 6^2$$

Der Radius der Kugel ist $r = 6$. Daher prüfen wir den Abstand von Mittelpunkt zu Punkt **P**.

$$|p - m| = \left|\begin{pmatrix} 1 \\ 4 \\ 7 \end{pmatrix} - \begin{pmatrix} 4 \\ -1 \\ 2 \end{pmatrix}\right| =$$

$$\sqrt{(-3)^2 + 5^2 + 5^2} \approx 7{,}68$$

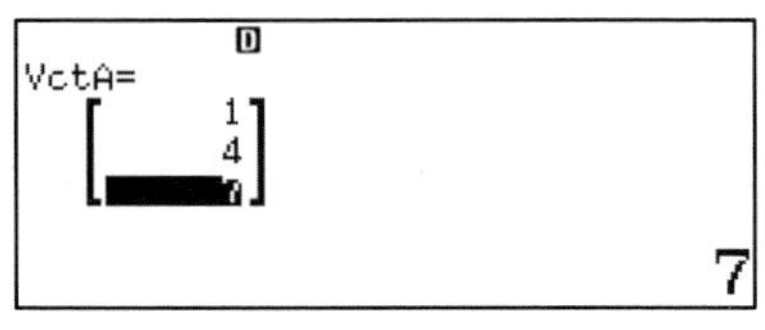

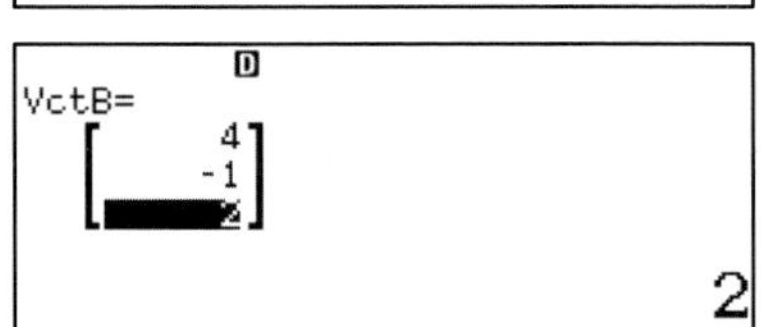


```
Abs(VctA-VctB)
          7,681145748
```

Der Punkt **P** liegt nicht auf dem Kreis, sondern außerhalb.

17.2.12 Lagebeziehung Gerade - Kugel

Eine Gerade kann eine Kugel schneiden (in zwei Punkten), berühren (in einem Punkt) oder an der Kugel vorbei verlaufen.

Wir wollen prüfen, ob die Gerade $g\colon \vec{x} = \begin{pmatrix} 3 \\ 2 \\ 2 \end{pmatrix} + \lambda \cdot \begin{pmatrix} 1 \\ 1 \\ 1 \end{pmatrix}$ die Kugel mit der Gleichung $(x_1 - 4)^2 + (x_2 + 1)^2 + (x_3 - 2)^2 = 6^2$

schneidet.

Wir stellen die Geradengleichung um und setzen die Werte für x_1, x_2, x_3 in die Koordinatengleichung der Kugel ein.

$$\begin{pmatrix} x_1 \\ x_2 \\ x_3 \end{pmatrix} = \begin{pmatrix} 3 \\ 2 \\ 2 \end{pmatrix} + \lambda \cdot \begin{pmatrix} 1 \\ 1 \\ 1 \end{pmatrix}$$

Das führt zu einer quadratischen Gleichung, die gelöst werden muss:

$$\Leftrightarrow (3 + \lambda - 4)^2 + (2 + \lambda + 1)^2 + (2 + \lambda - 2)^2 = 6^2$$

$$\Leftrightarrow (\lambda - 1)^2 + (\lambda + 3)^2 + (\lambda)^2 = 36$$

$$\Leftrightarrow \lambda^2 - 2\lambda + 1 + \lambda^2 + 6\lambda + 9 + \lambda^2 = 36$$

$$\Leftrightarrow 3\lambda^2 + 4\lambda - 26 = 0$$

Die quadratische Gleichung hat zwei Lösungen. Damit schneidet die Gerade folglich die Kugel.

Setzt man die beiden Lösungen in die Geradengleichung ein, erhält man die Schnittpunkte.

ax²+bx+c
3x²+ 4x −26
-26

ax²+bx+c=0
X₁=
2,351795046

ax²+bx+c=0
X₂=
-3,685128379

18 Rechnen mit Matrizen

Zur Berechnung von Aufgaben mit Matrizen wechseln wir im Hauptmenü zum Punkt **Matrix.** Hier legen wir zunächst Matrizen an, um dann damit rechnen zu können.

18.1 Matrizen im Vektorspeicher hinterlegen

Wir können 4 Matrizen (A, B, C, D) definieren. Nur mit diesen Matrizen können wir später rechnen. Mit der Taste **TOOLS** rufen wir die Seite zur Eingabe der Matrizen auf.

Wir geben die folgenden 3 x 3 Matrizen ein:

$$\boldsymbol{MatA} = \begin{pmatrix} 1 & 0 & 3 \\ 3 & 2 & 0 \\ 4 & 1 & 5 \end{pmatrix}$$

$$\boldsymbol{MatB} = \begin{pmatrix} -1 & 2 & 0 \\ 0 & 4 & -2 \\ 1 & 3 & 5 \end{pmatrix}$$

Dazu legen wir zunächst die Dimension fest und geben dann die Komponenten ein.

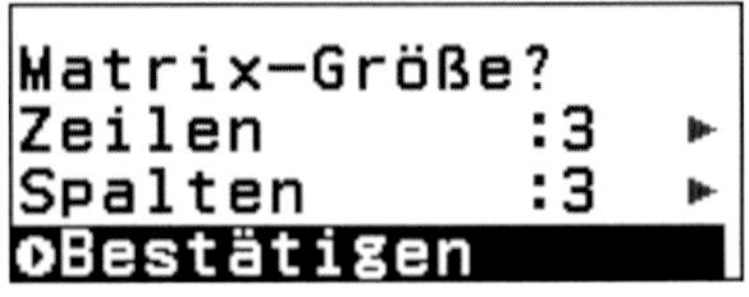

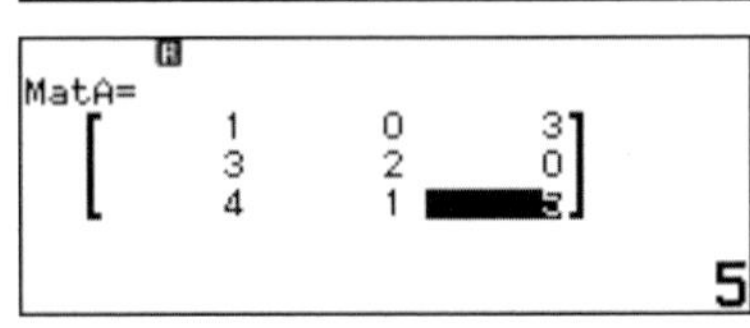

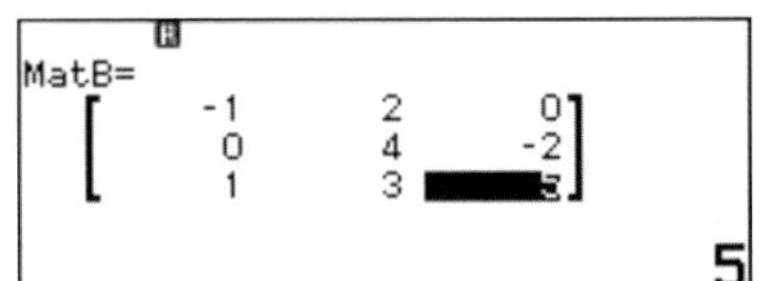

Mit der Taste **CATALOG** gelangen wir zu den Matrix-Funktionen. Hier wählen wir auch die Matrizen aus, um damit zu rechnen.

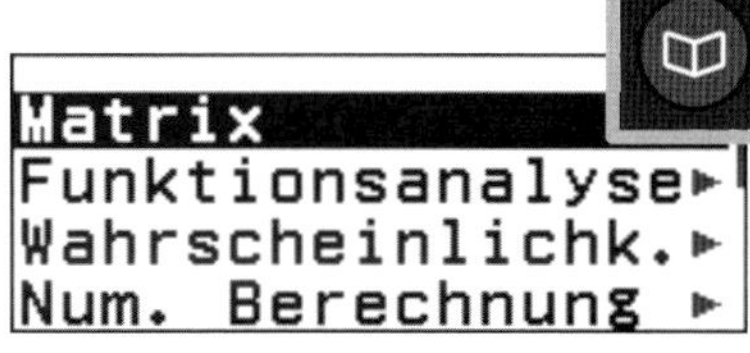

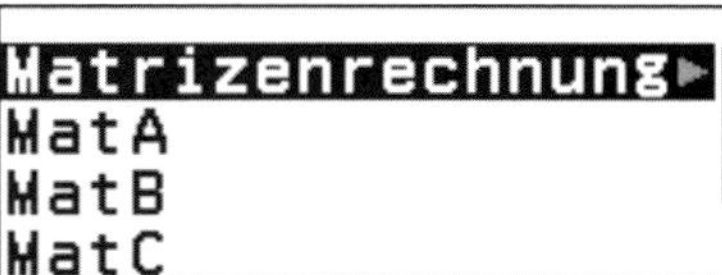

Matrix quadrieren
Matrix hoch drei
Inverse Matrix
Determinante

Transponierte
Einheitsmatrix
Stufenform REF
Stufenform RREF

18.2 Rechnen mit Matrizen - Addition und Vervielfachen

Wir rechnen mit den beiden Matrizen **MatA** und **MatB** aus dem vorherigen Beispiel.

Über die Taste **CATALOG** wählen wir die gewünschten Matrizen aus.

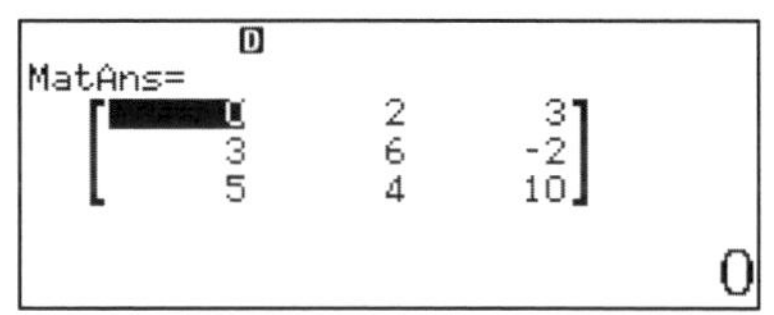

$$\begin{pmatrix} 1 & 0 & 3 \\ 3 & 2 & 0 \\ 4 & 1 & 5 \end{pmatrix} + \begin{pmatrix} -1 & 2 & 0 \\ 0 & 4 & -2 \\ 1 & 3 & 5 \end{pmatrix}$$

$$= \begin{pmatrix} 0 & 2 & 3 \\ 3 & 6 & -2 \\ 5 & 4 & 10 \end{pmatrix}$$

Analog berechnen wir das Vierfache einer Matrix.

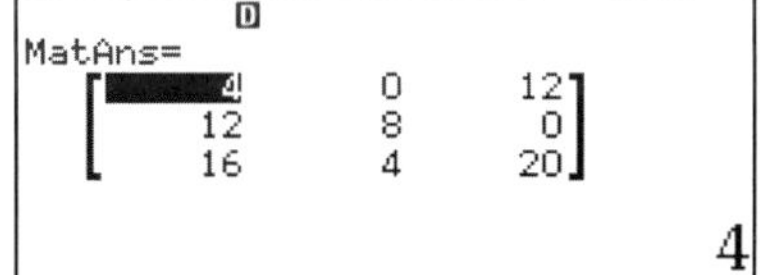

$$4 \cdot A = \begin{pmatrix} 4 & 0 & 12 \\ 12 & 8 & 0 \\ 16 & 4 & 20 \end{pmatrix}$$

18.3 Determinante – Inverse - Transponierte - Einheitsmatrix

Die Funktionen zur Determinanten, Transponierten oder Einheitsmatrix erhalten wir über die **CATALOG** Taste.

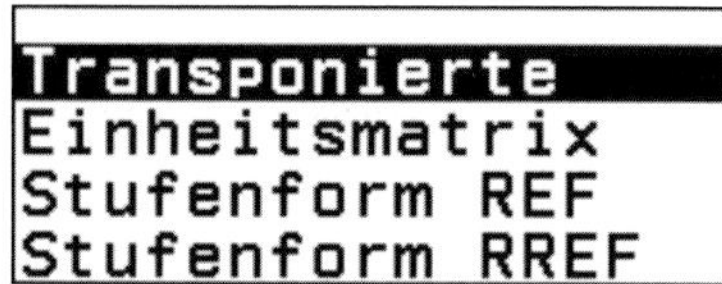

Die Matrix selbst wählen wir ebenfalls über die Matrixfunktionen mit der **CATALOG** Taste aus.

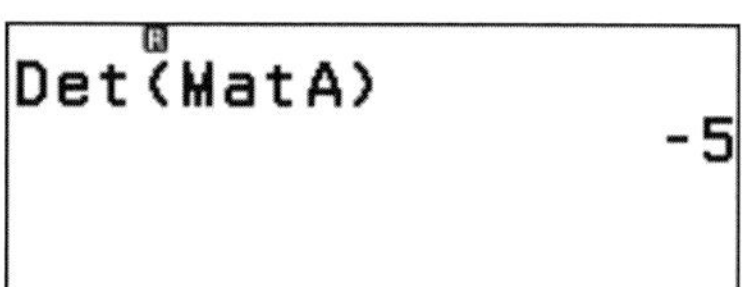

Für die **Inverse** einer Matrix müssen wir zuerst die Matrix auswählen und erst dann die gewünschte Funktion.

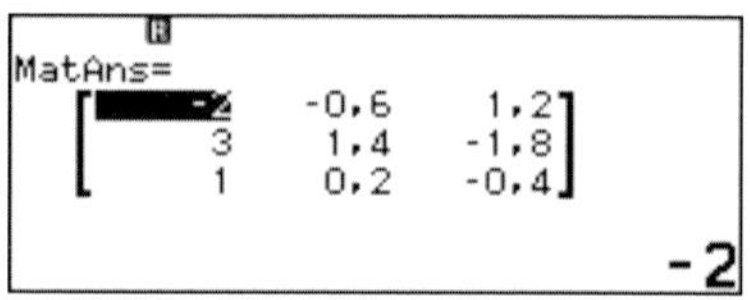

Determinante von Matrix A

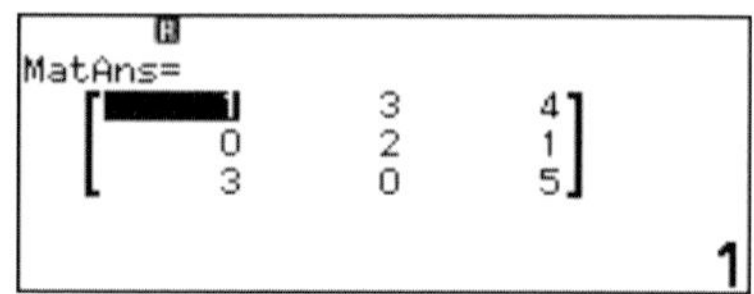

Inverse Matrix A

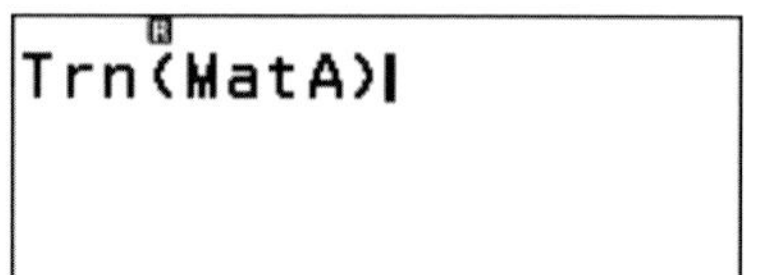

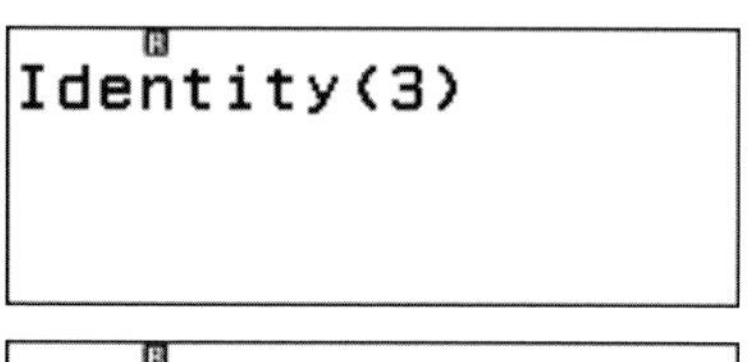

Transponierte Matix A

Erstellen wir eine **Einheitsmatrix**, geben wir in Klammern die Dimension der Einheitsmatrix an.

Diese befindet sich anschließend im Antwortspeicher und kann damit in Berechnungen eingebaut werden.

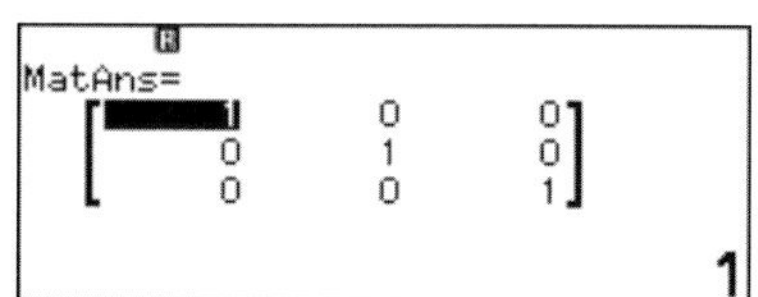

MatAns=
1 0 0
0 1 0
0 0 1
1

Einheitsmatrix Dim=3

18.4 Stufenform / Diagonalform einer Matrix

Im Matrix Funktionsmenü finden wir den Eintrag **Stufenform REF** um eine Matrix in die **Stufenform** zu bringen.

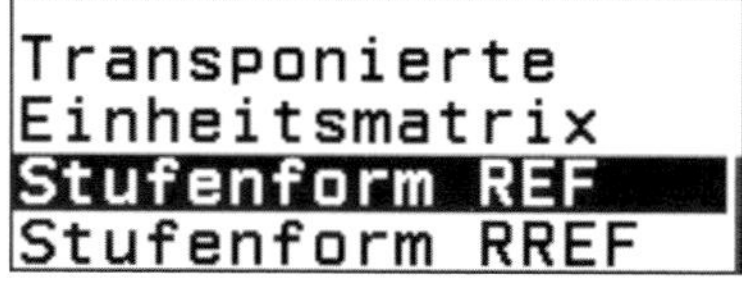

Wir verwenden die im Matrixspeicher noch vorhandene Matrix A:

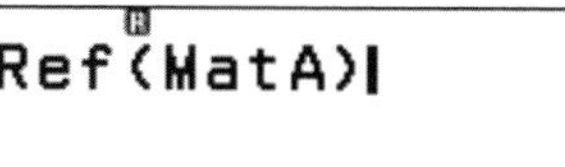

$$\boldsymbol{MatA} = \begin{pmatrix} 1 & 0 & 3 \\ 3 & 2 & 0 \\ 4 & 1 & 5 \end{pmatrix}$$

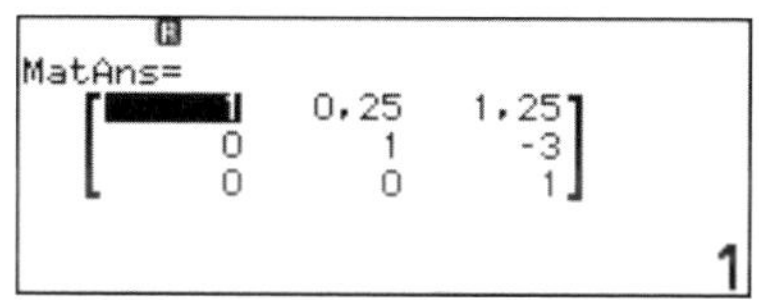

Die Diagonalform erhalten wir mit der Funktion **Stufenform RREF.**

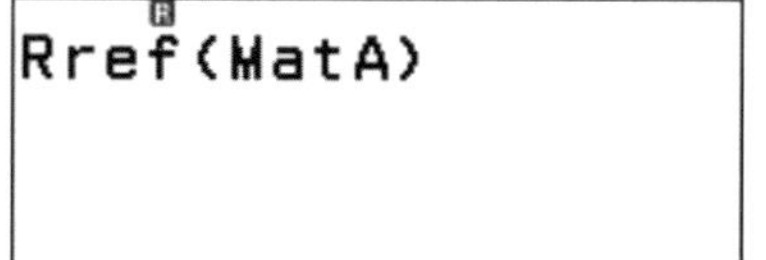

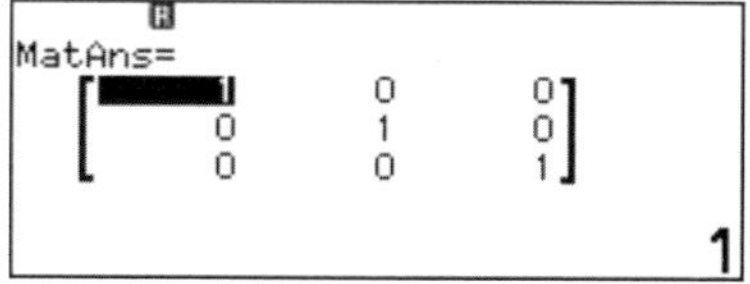

19 Mathematische Probleme beispielhaft lösen

19.1 Zahlen aufsummieren – der kleine Gauß

Häufig wird eine Geschichte des kleinen Carl Friedrich Gauß (1777 – 1855) im Mathematik Unterricht erzählt, um die gleiche Aufgabe zu rechnen:

„Der Lehrer Herr Lustlos möchte lieber seine Zeitung lesen als die Kinder in Mathematik zu unterrichten. Er gibt den Kindern den Auftrag, alle Zahlen von 1 bis 100 aufzusummieren. Mit dieser Aufgabe sollten die Schüler mindestens eine halbe Stunde beschäftigt sein. Nach weniger als einer Minute ist der kleine Carl Friedrich fertig und zeigt seine richtige Lösung: ....“

Quelle: https://de.wikipedia.org/wiki/Datei:Carl_Friedrich_Gau%C3%9F.jpg

Wie hat es klein Gauß gerechnet? Sicher nicht, indem alle Zahlen einzeln addiert wurden. Zum Rechenausdruck von Gauß jedoch später.

Um Zahlen mit einer bestimmten Logik zu summieren, existiert in der Mathematik das Summenzeichen: $\sum$.

Die Summe der Zahlen von 1 bis 100 kann man in dieser Form schreiben:

$$1 + 2 + 3 + \cdots . + 98 + 99 + 100 = \sum_{n=1}^{100} n$$

Eine allgemeine Summenformel ist auch im CASIO FX-991DE CW hinterlegt.

Die Summenformel finden wir im **CATALOG** (📖) unter **Funktionsanalyse**.

```
Funktionsanalyse ►
Wahrscheinlichk. ►
Num. Berechnung ►
Winkel/Koord/60S►
```

Wähle jetzt **Summation** ($\sum$)

```
Ableitung(d/dx)
Integration(∫)
Summation(Σ)
Produkt(Π)
```

Es erscheint die Summenformel. Anstelle von n in unserer Formel geben wir jetzt x ein:

$$\sum_{x=1}^{100} x$$

Und wir erhalten das Ergebnis der Aufgabe für klein Carl Friedrich Gauß.

Die Lösung von Gauß

Carl Friedrich Gauß konnte die Aufgabe allerdings im Kopf ohne diese Summenformel lösen. Er hatte erkannt, dass man aus den 100 Zahlen auch 50 Paare bilden konnte, die zusammen immer 101 ergeben. Nämlich von außen nach innen $1 + 100, 2 + 99, 3 + 98$ und immer so weiter. Er hatte eine Vereinfachung gefunden, ohne einen Summenterm zu nutzen:

$$\frac{100}{2} \cdot (1 + 100) = 50 \cdot 101 = 5050$$

19.2 Die Eulersche Zahl *e* näherungsweise berechnen

Auch wenn die Zahl ***e*** über **SHIFT** + 8 oder unter **CATALOG** abrufbar ist, wollen wir sie klassisch berechnen.

Die Eulersche Zahl ***e*** wurde von Leonhard Euler mit der folgenden Reihe definiert:

$$e = 1 + \frac{1}{1} + \frac{1}{1 \cdot 2} + \frac{1}{1 \cdot 2 \cdot 3} + \cdots = \frac{1}{0!} + \frac{1}{1!} + \frac{1}{2!} + \frac{1}{3!} + \cdots = \sum_{k=0}^{\infty} \frac{1}{k!}$$

Ebenso ist e definiert als Grenzwert der Folge

$$a_n = \left(1 + \frac{1}{n}\right)^n \text{ für } n \longrightarrow \infty.$$

Beachte: Die Funktion der **Fakultät** finden wir unter **CATALOG** .

1. Variante – Reihe mit der Summenformel berechnen

Wir starten mit der Summenformel aus **CATALOG** .

Funktionsanalyse ▸
Wahrscheinlichk. ▸
Num. Berechnung ▸
Winkel/Koord/60S ▸

Ableitung(d/dx)
Integration(∫)
Summation(Σ)
Produkt(Π)

Anstelle von Unendlich wählen wir 50 Schritte. Fakultät wählen wir aus **CATALOG** aus.
Mehr als 50 Schritte führen zu einem mathematischen Fehler!

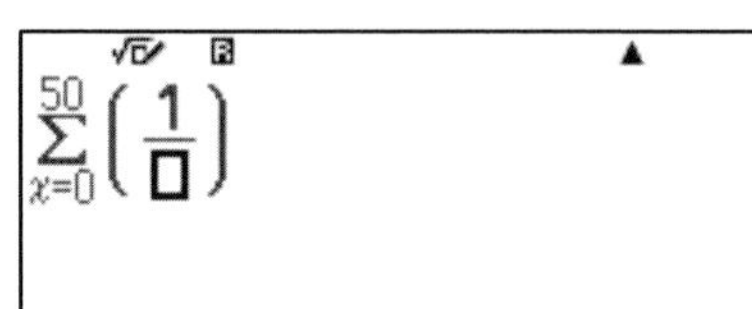

Funktionsanalyse ▸
Wahrscheinlichk. ▸
Num. Berechnung ▸
Winkel/Koord/60S ▸

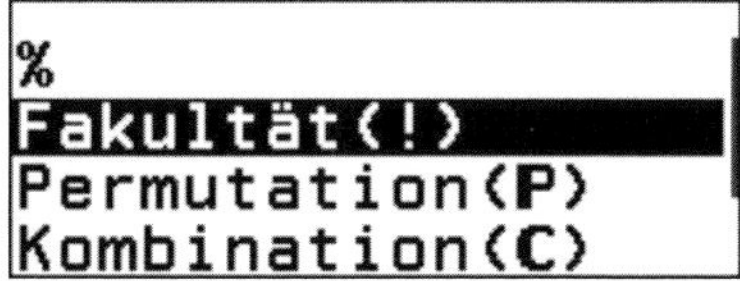

Unser Näherungswert ergibt als Wert für die Eulersche Zahl:

$$e = 2{,}718281828$$

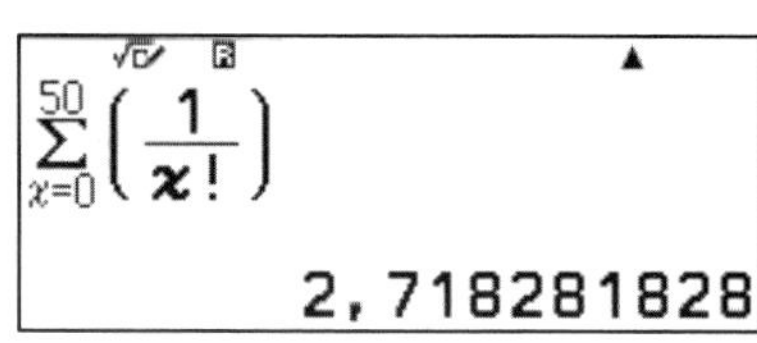

Der im Taschenrechner hinterlegte Wert beträgt:

$$e = 2{,}718281828$$

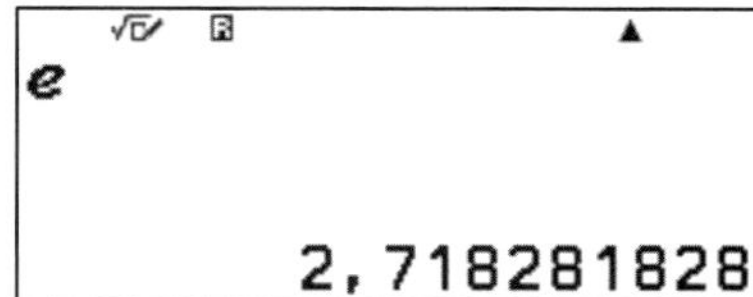

2. Variante – Folgenglieder in Wertetabelle darstellen

Die Folge:

$$a_n = \left(1 + \frac{1}{n}\right)^n$$

$f(x)=\left(1+\frac{1}{x}\right)^{x}$

hinterlegen wir als Funktion und lassen uns die Werte des Terms in einer Wertetabelle anzeigen.

Tabellenbereich
Start:100
Ende :2000
Inkre:100

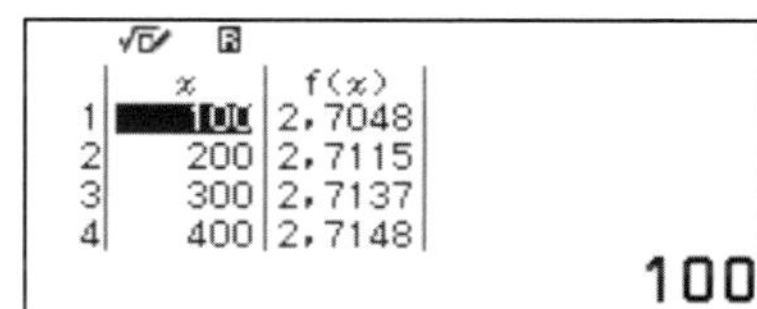

	x	f(x)
1	100	2,7048
2	200	2,7115
3	300	2,7137
4	400	2,7148

100

Wir blättern durch die Tabelle und verfolgen die Näherung für die Eulersche Zahl e.

	x	f(x)
17	1700	2,7174
18	1800	2,7175
19	1900	2,7175
20	2000	2,7176

2,717602569

Mit der **QR-Code Funktion** des Rechners können wir den Konvergenzverlauf der Folge sehr anschaulich darstellen. Probiere es aus!

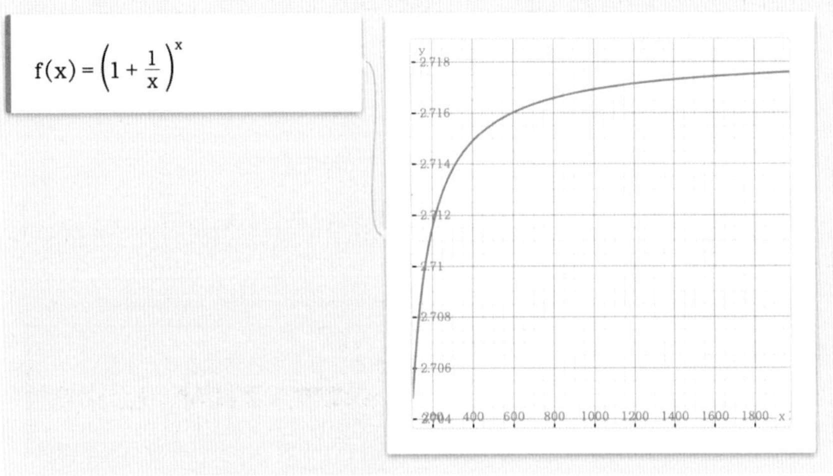

Konvergenzverlauf der Folge $a_n = \left(1 + \frac{1}{n}\right)^n$

19.3 Gleichungen näherungsweise lösen mit der Wertetabelle

Durch Einsetzen und Ausprobieren kann man die Lösung einer Gleichung näherungsweise finden. Kennt man zwei Zahlen, zwischen denen die Lösung liegt, kann man den Bereich dieses Intervall weiter eingrenzen. Eine derartige Vorgehensweise kann man auch Intervallschachtelung nennen.

Mit der Funktion der Wertetabellen kann man solche Intervallschachtelungen aufbauen, indem die Intervallbreite oder der Abstand zwischen zwei Werten der Wertetabelle immer kleiner gewählt wird. Hierzu wählen wir den Parameter **Inkrement** in Zehntelschritten immer kleiner, bis die Lösung auf die gewünschte Genauigkeit erreicht ist.

Beispielaufgabe

Wir suchen nach einer Lösung der Gleichung $x^3 + 2x + 1 = 0$ auf zwei Stellen Genauigkeit hinter dem Komma.

Wir geben die Gleichung als Funktion $f(x)$ ein.

$$f(x) = x^3 + 2x + 1 = 0$$

```
f(x)
g(x)
f(x) definieren
g(x) definieren
```

```
f(x)=x³+2x+1
```

Jetzt wählen wir **Wertetabelle** im **Hauptmenü** ⓞ und lassen uns eine Wertetabelle im Bereich von $x = -10$ bis $x = 10$ anzeigen. In diesem Bereich sollte sich eine Nullstelle befinden.

```
Tabellenbereich
 Start:-10
 Ende :10
 Inkre:1
```

Wir blättern durch die Wertetabelle, um den Vorzeichenwechsel zu finden.

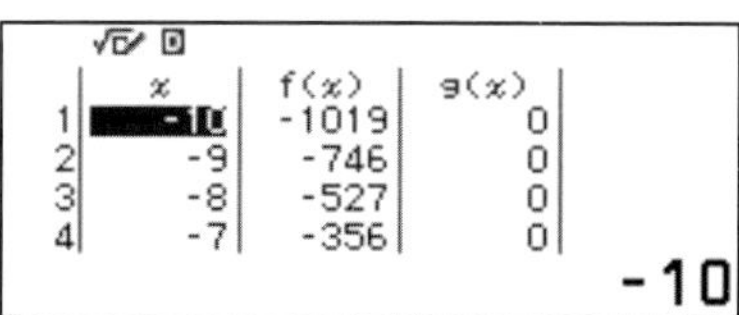

Der Vorzeichenwechsel findet zwischen $x = -1$ und $x = 0$ statt.

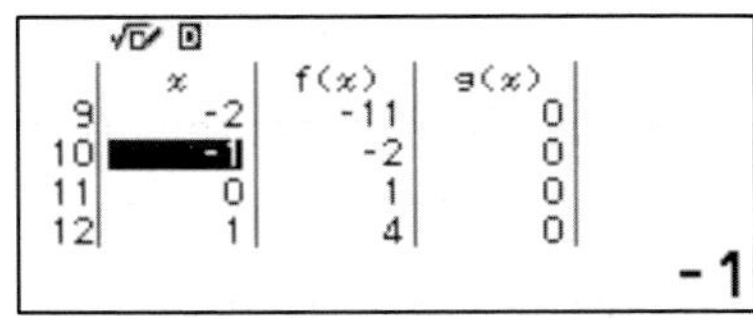

Die gesuchte Lösung befindet sich in diesem Bereich, den wir nun über Tabellenbereich **TOOLS** (⋯) enger eingrenzen. Die **Schrittweite** (**Inkrement**) beträgt jetzt **0,1**.

Tabellenbereich
Start:-1
Ende :0
Inkre:0,1

Die Lösung liegt zwischen

$x = -0{,}5$ und $x = -0{,}4$.

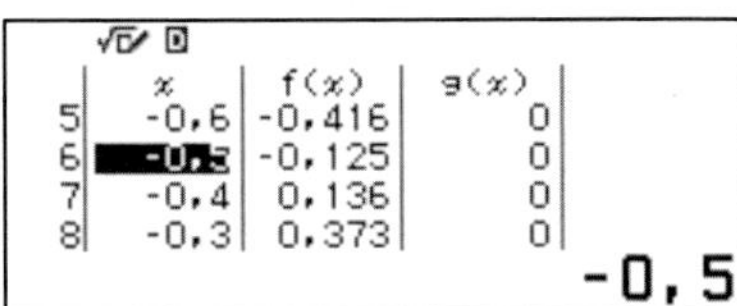

Wir grenzen wieder neu ein und wählen als **Schrittweite 0,01**.

Tabellenbereich
Start:-0,5
Ende :-0,4
Inkre:0,01

Die neue etwas genauere Lösung befindet sich zwischen

$x = -0{,}46$ und $x = -0{,}45$.

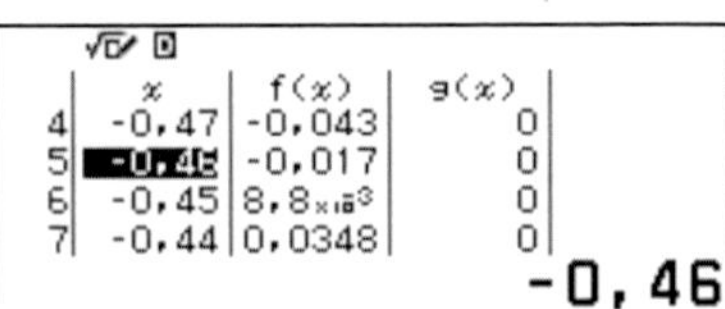

Wir wiederholen die Schritte mit der **Schrittweite 0,001** und erhalten die Lösung auf zwei Stellen Genauigkeit hinter dem Komma:

Tabellenbereich
Start:-0,46
Ende :-0,45
Inkre:0,001

$$\boldsymbol{x = -0{,}45}$$

	x	f(x)	g(x)
5	-0,456	-6×10^{-3}	0
6	-0,455	-4×10^{-3}	0
7	-0,454	-1×10^{-3}	0
8	-0,453	1×10^{-3}	0

-0,454

Denn die letzte Lösung befindet sich zwischen

$x = -0{,}454$ und $x = -0{,}453$.

19.4 Zwei Gleichungen mit zwei Unbekannten alternativ lösen

Wir wollen diese Aufgabenstellung mit einer Wertetabelle lösen und anschaulich darstellen und die grafische Lösung finden.

Dazu müssen wir zunächst die beiden Gleichungen jeweils in die Form einer Funktion bringen, damit diese als Funktionen $f(x)$ und $g(x)$ eingegeben werden können.

Die Aufgabenstellung

Löse das lineare Gleichungssystem

$$(1)\ y = 4 - \frac{1}{2}x$$
$$(2)\ y = -2x + 1$$

Wir stellen den Tabellentyp auf zwei Funktionen ein. Dazu gehen wir auf **Wertetabelle** und klicken auf **TOOLS** ⓞ .

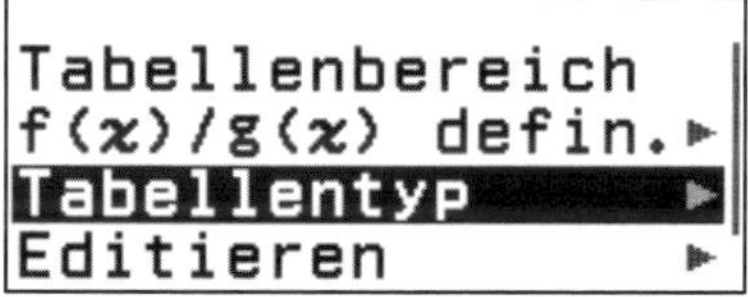

f(x)/g(x)
f(x)
g(x)

Wir legen beide Funktionen an.

f(x) definieren
g(x) definieren

$f(x)=4-\frac{1}{2}x$

$g(x)=-2x+1$

Nun definieren wir den Bereich der Tabelle von $x = -10$ bis $x = 10$

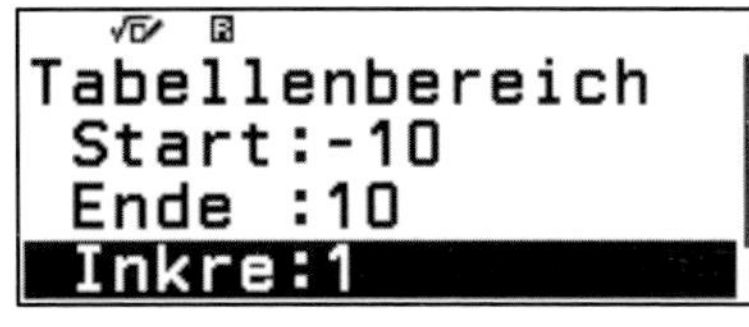

Wir füllen die Wertetabelle und blättern durch die Liste.

	x	f(x)	g(x)
7	-4	6	9
8	-3	5,5	7
9	-2	5	5
10	-1	4,5	3

-2

Die Lösung lautet:

$$x = -2 \text{ und } y = 5$$

Die Lösung ist besonders anschaulich, wenn wir die beiden Funktionen als Geraden mit Hilfe des QR-Codes anzeigen lassen. Der Schnittpunkt gibt die Werte für x und y an.

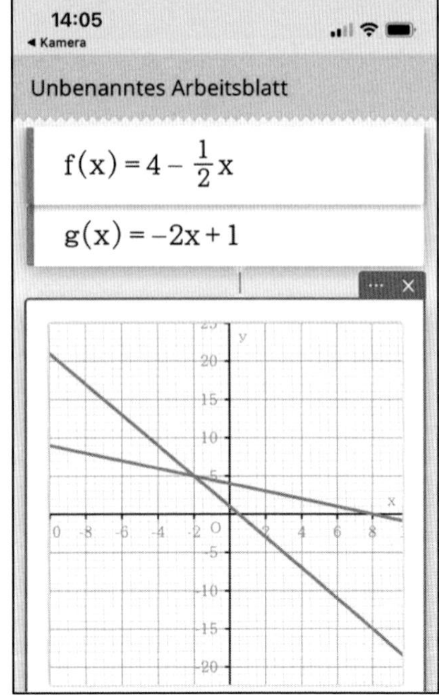

19.5 Quadratische Gleichungen lösen mit der p-q-Formel

Löse eine quadratische Gleichung wie z.B. $x^2 + x - 12 = 0$ mit der bekannten p-q-Formel, ohne die im System hinterlegte Formel zu nutzen!

Die p-q-Formel löst eine quadratische Gleichung in der Normalform:

$$x^2 + px + q = 0$$

Man erhält die beiden Lösungen:

$$x_1 = -\frac{p}{2} + \sqrt{\left(\frac{p}{2}\right)^2 - q}$$

p-q-Formel

$$x_2 = -\frac{p}{2} - \sqrt{\left(\frac{p}{2}\right)^2 - q}$$

Der Rechner kann zwar quadratische oder Polynomgleichungen direkt lösen, wir wollen in diesem Kapitel aber die beiden Parameter p und q als Variablen hinterlegen und die Formel mit diesen Variablen aufrufen bzw. selbst eingeben.

Lösungsbeispiel

Für unser Beispiel gilt:

$$p = 1, q = -12$$

Diese beiden Werte speichern wir in den Variablen:

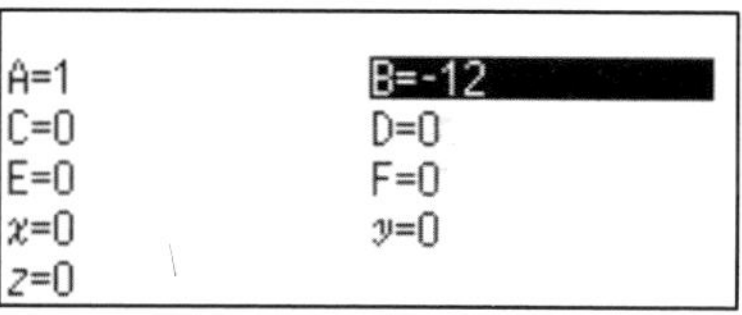

$$A = p = 1, B = q = -12$$

Anschließend geben wir die erste Formel mit den Variablen ein.

Nachdem wir diesen Wert abgerufen haben, ändern wir in der Formel nun das eine Vorzeichen ab. Jetzt erhalten die zweite Lösung.

19.6 Nullstellen finden mit dem Newton Verfahren

Das Newton-Verfahren ist ein Näherungsverfahren, mit dem man Nullstellen beliebiger Gleichungen / Funktionen näherungsweise berechnen kann. Man geht hierbei schrittweise vor und nähert sich der Nullstelle immer mehr an. Ein solches Verfahren nennt man auch Iterationsverfahren (Näherungsverfahren).

Man startet an einer beliebigen Stelle x_1, wenn möglich in der Nähe der zu erwartenden Nullstelle. An dieser Stelle legt man die Tangente an die Funktion. Der Schnittpunkt der Tangente mit der x-Achse wird als nächster Punkt x_2 genommen. Das Vorgehen wird so oft wiederholt, bis man den Nullpunkt „quasi“ erreicht hat.

Nehmen wir als Beispiel die Funktion: $f(x) = x^2 - x - 2$.

Wir suchen die Nullstelle der Funktion in der Nähe des Wertes $x_1 = 1$.

Als Ableitungsfunktion ergibt sich aus $f(x)$: $f'(x) = 2x - 1$.

Für den nächsten x-Wert gilt jeweils: $x_{n+1} = x_n - \frac{f(x_n)}{f'(x_n)}$.

Wir starten mit: $x_1 = 1$

Wir berechnen noch die Werte für x_2 und x_3:

$$x_2 = x_1 - \frac{f(1)}{f'(1)} = 1 - \frac{-2}{1} = 3$$

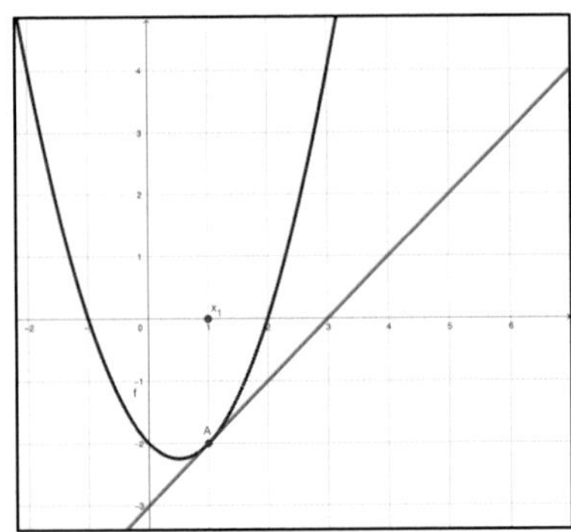

Die Tangente an $x_1 = 1$ führt zur ersten genäherten Nullstelle bei $x_2 = 3$.

$$x_3 = x_2 - \frac{f(3)}{f'(3)} = 3 - \frac{4}{5} = \frac{11}{5}$$

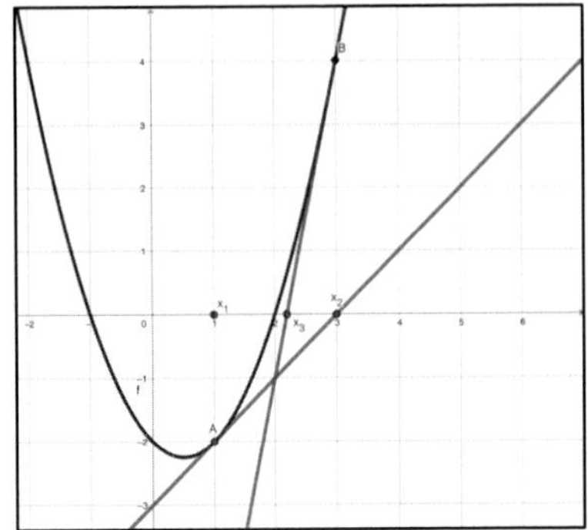

Die Tangente an $x_2 = 3$ führt zur nächsten Nullstelle bei $x_3 = \frac{11}{5} = 2{,}2$.

Nun wollen wir diese Berechnungsweise mit dem Taschenrechner durchführen.

Hierzu geben wir die Funktion $f(x)$ sowie die Ableitungsfunktion $f'(x)$ ein und nutzen den Antwortspeicher **Ans** (Ans).

Die Funktion f geben wir über **FUNCTION** (f(x)) in die Funktion $f(x)$ ein, die Ableitungsfunktion f' in die Funktion $g(x)$.

```
f(x)
g(x)
f(x) definieren
g(x) definieren
```

$$f(x) = x^2 - x - 2$$

$$g(x) = 2x - 1$$

```
f(x)=x²-x-2
```

```
g(x)=2x-1
```

Wir tragen den **Startwert 1** in den Antwortspeicher ein:

1 + EXE (EXE)

```
1
                1
```

Die erste Näherung berechnen wir mit Hilfe des Antwortspeichers ($\boldsymbol{Ans = 1}$):

```
Ans-f(Ans)/g(Ans)
                3
```

$$x_2 = x_1 - \frac{f(x_1)}{f'(x_1)}$$

$$= Ans - \frac{f(Ans)}{g(Ans)}$$

Durch erneutes **EXE** (EXE) wird die Anzeige mit dem aktualisierten **Ans-Wert** (jetzt $\boldsymbol{Ans = 3}$) wiederholt.

$$Ans - \frac{f(Ans)}{g(Ans)}$$

$$\frac{11}{5}$$

Durch nochmaliges **EXE** (EXE) wird die Anzeige mit dem aktualisierten **Ans-Wert** (jetzt $\boldsymbol{Ans = \frac{11}{5}}$) wiederholt.

$$Ans - \frac{f(Ans)}{g(Ans)}$$

$$\frac{171}{85}$$

Nach 6-maligem Drücken der **EXE** Taste (EXE) erhalten wir schon den exakten Wert $\boldsymbol{x = 2}$ für die gesuchte Nullstelle.

$$Ans - \frac{f(Ans)}{g(Ans)}$$

$$2$$

19.7 Wurzeln bestimmen mit dem Heron Verfahren

Das Heron Verfahren ist ein Näherungsverfahren zur Bestimmung von Quadratwurzeln. Es basiert auf dem Newton-Verfahren, das wir im vorherigen Abschnitt kennen gelernt haben.

Die Berechnung einer Wurzel, z.B. $\sqrt{8}$ kann als Lösung der Gleichung

$x^2 - 8 = 0$ dargestellt werden. In diesem Fall bedeutet dies die Berechnung einer Nullstelle und damit kann das Newton-Verfahren zum Einsatz kommen. Zur Berechnung der allgemeinen Wurzel $\sqrt{a}$ verwendet man die Gleichung:

$$x^2 - a = 0$$

Die Näherungsformel lautet dann:

$$x_{n+1} = x_n - \frac{f(x_n)}{f'(x_n)} = x_n - \frac{x_n^2 - a}{2x_n} = x_n - \frac{1}{2}x_n + \frac{1}{2}\frac{a}{x_n} = \frac{1}{2}\left(x_n + \frac{a}{x_n}\right)$$

$$x_{n+1} = \frac{1}{2}\left(x_n + \frac{a}{x_n}\right)$$

Die Näherung berechnen wir, indem wir den Startwert in den Antwortspeicher **Ans** (Ans) eintragen und anschließend die Näherungsformel eingeben.

Beispielnäherung für $\sqrt{8}$

Wir starten mit $x_1 = 8$ und tragen daher 8 in den Antwortspeicher ein.

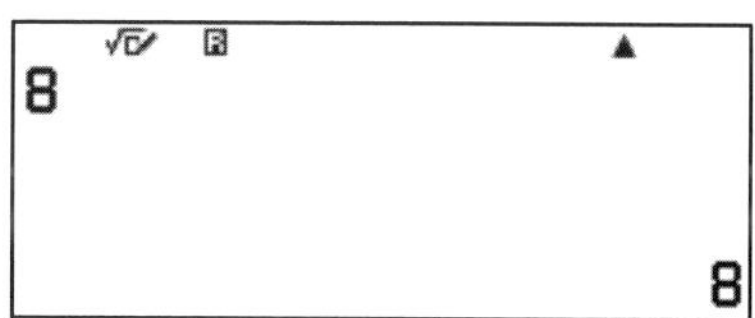

Anschließend geben wir die Näherungsformel ein mit **Ans** anstelle von x_n ein und bestätigen mit **EXE** (EXE) .

$\frac{1}{2}\times\left(\text{Ans}+\frac{8}{\text{Ans}}\right)$

$\frac{9}{2}$

$$\frac{1}{2}\left(Ans + \frac{8}{Ans}\right)$$

Diesen Schritt wiederholen wir nun beliebig oft durch Drücken der **EXE** (EXE) Taste.

$$\frac{1}{2}\times\left(\text{Ans}+\frac{8}{\text{Ans}}\right)$$

$$\frac{113}{36}$$

Nach kurzer Zeit kann das Ergebnis nicht mehr als Bruch dargestellt werden und der Rechner wechselt zur Dezimaldarstellung.

$$\frac{1}{2}\times\left(\text{Ans}+\frac{8}{\text{Ans}}\right)$$

$$2{,}843780728$$

Einige Schritte weiter erhalten wir schon das gleiche Ergebnis wie beim Aufruf mit der Wurzel Taste ($\sqrt{\blacksquare}$):

$$\frac{1}{2}\times\left(\text{Ans}+\frac{8}{\text{Ans}}\right)$$

$$2{,}828427125$$

$$\sqrt{\mathbf{8}} = 2{,}828427125$$

$$\sqrt{8}$$

$$2{,}828427125$$

19.8 Ableitungen berechnen mit dem Differenzenquotienten

Mit dem Grenzwert des Differenzenquotienten mit der sogenannten h-Methode kann die Ableitung an einer bestimmten Stelle berechnet werden.

Es gilt: $$f'(x_0) = \lim_{h \to 0} \frac{f(x_0+h)-f(x_0)}{h}$$

Wir können mit dem Taschenrechner den Grenzwert für $h \to 0$ nicht genau bestimmen. Alternativ können wir jedoch einen möglichst kleinen Wert für h als Näherung einsetzen. Damit wir im Genauigkeitsbereich des Rechners bleiben wählen wir z.B. $h = 10^{-9}$.

Vorgehensweise

- Wir speichern die Funktion f, zu der ein Ableitungswert bestimmt werden soll, in der Funktion $f(x)$ mit **FUNCTION** (f(x)).
- Einen kleinen Näherungswert hinterlegen wir in einer der 9 möglichen Variablen mit **VARIABLE** (x), z.B. A (leider stehen nur die Variablen A - F sowie x, y, z zur Verfügung).
- Den Differenzenquotienten mit den Parametern $f(x)$ und h (bzw. die Variable **A**) speichern wir in der Funktion $g(x)$ unter **FUNCTION** (f(x)).
- Abschließend rufen wir die Funktion **Wertetabelle** aus dem Hauptmenü (⌂) auf.

Beispielberechnung

Bestimme die Ableitung der Funktion $f(x) = x^3 - 2x^2 + 4$ an den Stellen $x_0 = 1, x_0 = 2, x_0 = 3, x_0 = 4, x_0 = 5$ mit Hilfe einer Wertetabelle.

Wir geben den Wert für $h = 10^{-9}$ in die **Variable A** ein, da h als Variable nicht zur Verfügung steht.

```
A=1×10⁻⁹    B=0
C=0         D=0
E=0         F=0
x=5         y=0
z=0
```

Die Funktion f wird in $f(x)$ gespeichert.

$$f(x) = x^3 - 2x^2 + 4$$

Den Differenzenquotienten geben wir in die Funktion $g(x)$ ein.

Dabei beachten wir, dass die **Variable A** in dieser Funktion verwendet wird.

$$g(x) = \frac{f(x + A) - f(x)}{A}$$

Jetzt rufen wir eine Wertetabelle für $x = 1$ bis $x = 5$ auf.

In der ersten Spalte werden die x –Werte stehen, in der zweiten Spalte die Werte für $f(x)$ der Funktion und in der dritten Spalte die Werte für den Differenzenquotienten $g(x)$.

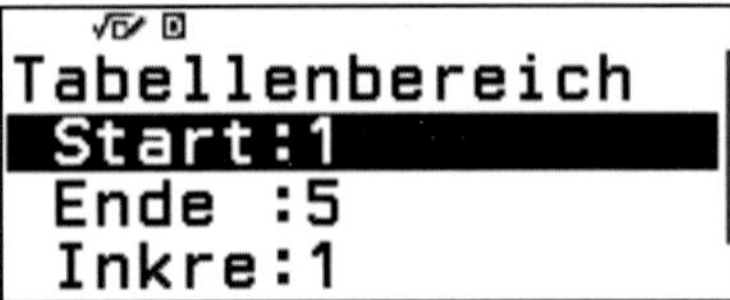

Über die Taste **TOOLS** rufen wir den Tabellenbereich auf und geben die Grenzen von 1 bis 5 ein.

Nach Auswahl von **Ausführen** wird die Tabelle mit den berechneten Differenzenquotienten in der dritten Spalte angezeigt.

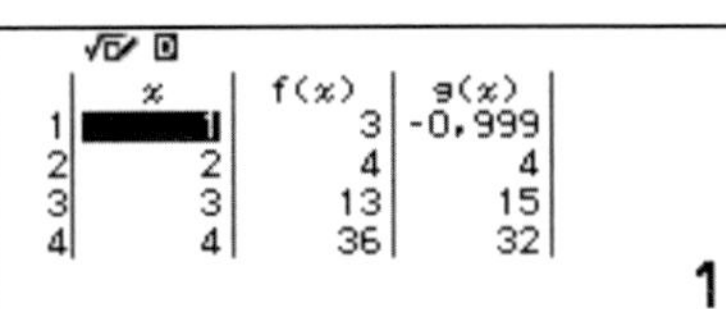

	x	f(x)	g(x)
1	1	3	-0,999
2	2	4	4
3	3	13	15
4	4	36	32

19.9 Integrale nähern über Rechtecksummen

19.9.1 Näherung für die Parabel x^2

Beim Einstieg in die Integralrechnung beginnt man normalerweise damit, den Flächeninhalt unter dem Graphen einer Funktion in kleine Rechtecke einzuteilen. Diese werden dann aufsummiert, um den Flächeninhalt näherungsweise zu berechnen.

Diese Vorgehensweise können wir mit der im Rechner hinterlegten Summenformel nachbilden. Wählen wir möglichst viele kleine Rechtecke, dann können wir auf diese Weise das Integral auch näherungsweise berechnen.

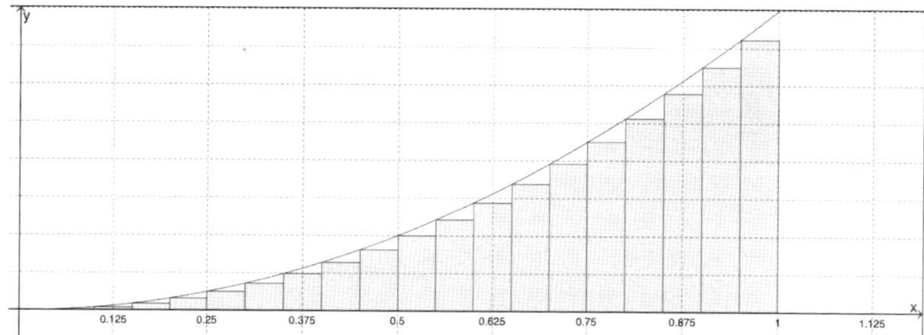

Rechtecksummen **unter** dem Graphen von x^2 (Untersummen), erstellt mit Geogebra

- Anzahl Rechtecke: A
- Intervallbreite: B
- Breite eines Rechtecks: $\frac{B}{A}$

Zur Vereinfachung berechnen wir ein Integral von 0 bis B. Dann gilt näherungsweise:

$$\int_0^B f(x)dx \approx \sum_{i=0}^{A} \frac{B}{A} \cdot f(i \cdot \frac{B}{A})$$

Für eine möglichst genaue Berechnung sollten wir mindestens 1000 Rechtecke wählen.

Jetzt wollen wir zunächst das Integral

$$\int_0^3 x^2 dx$$

für 1000 Intervalle berechnen.

$$A = 1000, B = 3, C = B/A$$

A, B und C werden als Variablen ⓧ festgelegt.

A=1000 B=3
C=3×10⁻³ D=0
E=0 F=0
x=0 y=0
z=0

$$\int_0^3 x^2 dx \approx \sum_{i=0}^{A} \frac{B}{A} \cdot f(i \cdot \frac{B}{A})$$

Mit der Variablen $C = B/A$ ergibt sich die Summenformel etwas vereinfacht.

Die Summenformel finden wir unter **CATALOG** ⓧ.

$$\sum_{x=0}^{A} C \cdot (x \cdot C)^2$$

$\sum_{x=0}^{A}$(C×(x×C)²)

9,0135045

Wir führen eine neue Berechnung mit A = 10 000 durch. Diese Berechnung wird etwas länger dauern.

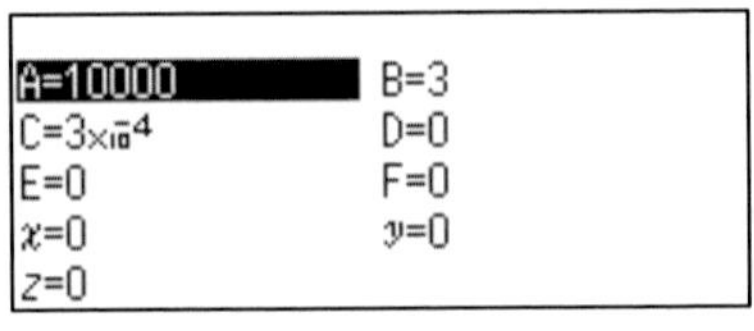

Achtung:

Die Variable C muss vorher neu berechnet werden. Durch eine veränderte Variable A ändert ich nicht die Variable C, obwohl diese sich auf die Variable A bezieht!

$\sum_{x=0}^{A}$(C×(x×C)²)

9,001350045

Der exakte Wert für das Integral

$$\int_0^3 x^2 dx = \left[\frac{1}{3}x^3\right]_0^3 = \frac{1}{3} \cdot 27 = 9$$

beträgt 9, wir nähern uns allerdings schon recht gut an diesen Wert mit der Methode der Rechtecksumme (Untersumme).

19.9.2 Näherung für eine beliebige Funktion

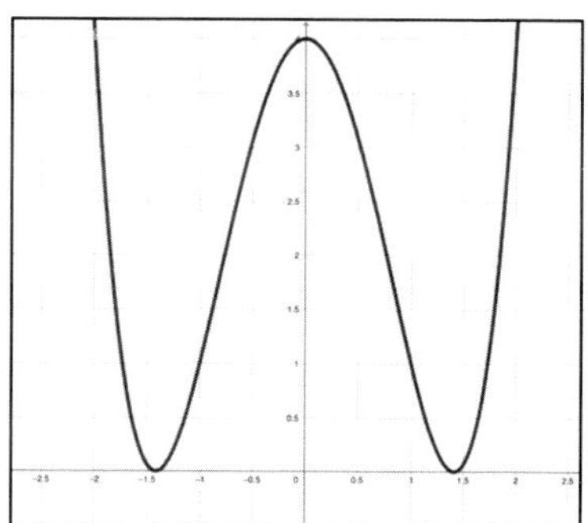

Wir können eine etwas komplexere Funktion $f(x)$ auch unter **FUNCTION** (f(x)) hinterlegen und damit die Summenformel berechnen.

Wir wählen beispielhaft:

$$f(x) = x^4 - 4x^2 + 4$$

und berechnen das Integral

$$\int_0^1 x^4 - 4x^2 + 4\,dx\ .$$

A, B und C werden als neue Variablen festgelegt.

$$A = 10000, B = 1, C = B/A$$

```
A=10000        B=1
C=1×10^-4      D=0
E=0            F=0
x=0            y=0
z=0
```

Wir definieren die Funktion $f(x) = x^4 - 4x^2 + 4$.

```
f(x)
g(x)
f(x) definieren
g(x) definieren
```

```
f(x)=x^4−4x^2+4
```

In unsere Summenformel lautet:

$$\sum_{x=0}^{A} C \cdot f(x \cdot C)$$

```
 A
 Σ (C×f(x×C))
x=0
                2,866916663
```

Wir erhalten die näherungsweise Lösung für das Integral:

$$\int_0^1 x^4 - 4x^2 + 4\,dx \approx 2{,}867$$

Achtung:

Die Berechnung mit 10 000 Summengliedern dauert sehr lange!

20 Abitur Beispielaufgaben

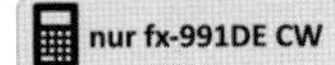

20.1 Aufgaben zur Analysis

Aufgabe aus dem IQB-Pool – gemeinsame Aufgabenpools der Länder

Papierflieger verlassen die Hand eines Werfers in einer bestimmten Abwurfhöhe, unter einem bestimmten Abwurfwinkel und mit einer bestimmten Anfangsgeschwindigkeit.

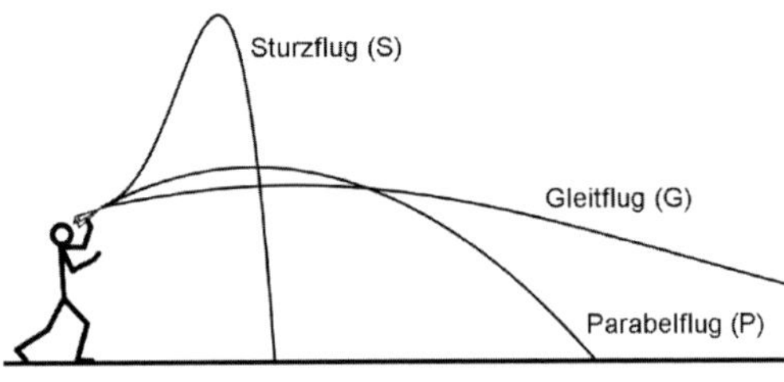

Die Flugkurven können abhängig von diesen drei Bedingungen sowie von der jeweiligen Bauweise des Papierfliegers unterschiedlich verlaufen. Im Folgenden sollen drei Typen von Flugkurven unterschieden werden, die in der Abbildung schematisch dargestellt sind.

Wird die Größe der betrachteten Papierflieger vernachlässigt, können die Flugkurven bei Verwendung eines Koordinatensystems, dessen x-Achse entlang des horizontalen Bodens und dessen y-Achse durch den Abwurfpunkt verläuft, modellhaft mithilfe von Funktionen beschrieben werden. Im Folgenden soll der x-Wert der horizontalen Entfernung des Papierfliegers vom Abwurfpunkt entsprechen, der zugehörige Funktionswert der Flughöhe (jeweils in Metern).

1. Ein Papierflieger bewegt sich entlang einer Flugkurve vom Typ S.

   Diese kann mithilfe der in $\mathbb{R}$ definierten Funktion s mit $s(x) = -x^4 + 2x^3 + \frac{1}{2}x + 2$ beschrieben werden.

   a) Geben Sie die Abwurfhöhe an und zeigen Sie, dass die Flugweite etwa 2,27 m beträgt.

   b) Zeigen Sie, dass der Papierflieger seine maximale Flughöhe besitzt, wenn seine horizontale Entfernung vom Abwurfpunkt etwa 1,55 m beträgt. Geben Sie diese Flughöhe an.

   c) Berechnen Sie die Koordinaten der beiden Wendepunkte des Graphen von s und geben Sie die jeweilige Steigung des Graphen von s in den Wendepunkten an.

d) Beschreiben Sie die Bedeutung des Wendepunkts mit der größeren x-Koordinate im Hinblick auf die Steigung der Flugkurve des Papierfliegers.

2. Im Folgenden wird ein Papierflieger betrachtet, der sich bei jedem Flug entlang einer Flugkurve vom Typ P bewegt. Er wird in 2 m Höhe abgeworfen und erreicht seine größte Höhe in einer horizontalen Entfernung von 2 m vom Abwurfpunkt. Seine möglichen Flugkurven lassen sich näherungsweise mithilfe ganzrationaler Funktionen zweiten Grades beschreiben.

a) Begründen Sie, dass die möglichen Flugkurven dieses Papierfliegers im Modell durch den Punkt (4|2) verlaufen.

b) Zeigen Sie, dass sich alle möglichen Flugkurven dieses Papierfliegers
im Modell mithilfe der in $\mathbb{R}$ definierten Funktionen
$p_k(x) = -0{,}25k \cdot x^2 + k \cdot x + 2$ und $k \in \mathbb{R}^+$ beschreiben lassen.

c) Ermitteln Sie denjenigen Wert von k, für den der Papierflieger eine Flugweite von 6 m hat. Skizzieren Sie die Graphen der Funktionen $p_{\frac{1}{4}}$ und $p_{\frac{2}{3}}$.

d) Ist ein Kurvenstück Graph einer in $[a; b]$
mit $a, b \in \mathbb{R}$ definierten Funktion h mit erster
Ableitungsfunktion h', so gilt für die Länge L
dieses Kurvenstücks: $L = \int_a^b \sqrt{1 + \left(h'(x)\right)^2} dx$.

Untersuchen Sie rechnerisch, ob $p_{\frac{1}{4}}$ oder $p_{\frac{2}{3}}$ die längere Flugkurve beschreibt.

e) Bestimmen Sie den Wert von k so, dass der Abwurfwinkel der mithilfe von p_k beschriebenen Flugkurve ebenso groß ist wie der Abwurfwinkel der mithilfe der Funktion s beschriebenen Flugkurve.

3. Die größten Flugweiten erzielen Papierflieger mit Flugkurven des Typs G. Eine solche Flugkurve soll mithilfe der in $\mathbb{R}$ definierten Funktion g mit $g(x) = 2e^{-0{,}02x^2+0{,}1x}$ beschrieben werden.

   a) Beurteilen Sie die Eignung von g zur modellhaften Beschreibung der Flugkurve bezogen auf den Verlauf des Graphen von g für $x \to \infty$.

   b) Die Flugweite beträgt 15,3 m. Der erste Teil der Flugkurve lässt sich mithilfe von g beschreiben. Ab einem bestimmten Punkt kann der weitere Verlauf der Flugkurve bis zum Boden durch eine Gerade dargestellt werden. Dieser zweite Teil der Flugkurve hat eine Länge von 10,6 m. Bestimmen Sie die horizontale Entfernung des Übergangs vom ersten zum zweiten Teil der Flugkurve vom Abwurfpunkt und prüfen Sie, ob dieser Übergang ohne Knick erfolgt.

20.2 Aufgaben zur Vektorrechnung

Aufgabe aus dem IQB-Pool – gemeinsame Aufgabenpools der Länder

Die Position einer Bohrplattform im Meer kann in einem kartesischen Koordinatensystem modellhaft durch den Punkt $P\ (8|43{,}2|0)$ dargestellt werden.

Die xy-Ebene beschreibt die Wasseroberfläche. Eine Längeneinheit im Koordinatensystem entspricht einem Kilometer in der Realität.

Die Besatzungen eines Boots und eines Hubschraubers werden gleichzeitig beauftragt, die Besatzung der Plattform in einer Notsituation zu unterstützen. Zum Zeitpunkt des Auftrags wird die Position des Boots durch den Punkt $B\ (13|31{,}2|0)$ dargestellt. Unmittelbar anschließend fährt es geradlinig mit der Geschwindigkeit $52\ \frac{km}{h}$ in Richtung der Plattform.

Die Position des Hubschraubers kann vom Zeitpunkt des Auftrags bis zum Beginn seiner Landephase durch die Gleichung $\vec{x} = \begin{pmatrix} 0{,}8 \\ 0{,}3 \\ 0{,}25 \end{pmatrix} + t \cdot \begin{pmatrix} 48 \\ 286 \\ 0 \end{pmatrix}$ beschrieben werden.

Dabei ist t die Zeit in Stunden, die seit dem Auftrag vergangen ist. Die Landephase beginnt im Modell im Punkt $H_L\ (7{,}76|\ 41{,}77|0{,}25)$.

a) Veranschaulichen Sie die Positionen der Plattform, des Boots und des Hubschraubers zum Zeitpunkt des Auftrags – unter Vernachlässigung der Flughöhe des Hubschraubers – in der xy-Ebene.

b) Begründen Sie, dass der Hubschrauber bis zur Landephase parallel zur Wasseroberfläche fliegt, und geben Sie seine Flughöhe über der Wasseroberfläche an.

c) Begründen Sie, dass die Position des Boots vom Zeitpunkt des Auftrags bis zum Erreichen der Plattform durch die Gleichung

$\vec{x} = \begin{pmatrix} 13 \\ 31{,}2 \\ 0 \end{pmatrix} + t \cdot \begin{pmatrix} -20 \\ 48 \\ 0 \end{pmatrix}$ beschrieben wird, wobei t die seit dem Auftrag vergangene Zeit in Stunden ist.

d) Ermitteln Sie, wie viel Zeit vom Zeitpunkt des Auftrags an vergeht, bis das Boot die Plattform erreicht.

e) Betrachtet wird die Funktion e mit

$$e(t) = \left| \begin{pmatrix} 0{,}8 \\ 0{,}3 \\ 0{,}25 \end{pmatrix} - \begin{pmatrix} 13 \\ 31{,}2 \\ 0 \end{pmatrix} + t \cdot \left(\begin{pmatrix} 48 \\ 286 \\ 0 \end{pmatrix} - \begin{pmatrix} -20 \\ 48 \\ 0 \end{pmatrix} \right) \right| \text{ und}$$

$0 < t < 0{,}145.$

Bestimmen sie denjenigen Wert von t, für den e seinen kleinsten Wert annimmt, und beschreiben Sie die Bedeutung dieses Werts im Sachzusammenhang.

f) Der Hubschrauber bewegt sich während seiner Landephase mit verringerter Geschwindigkeit geradlinig auf die horizontale Landefläche der Plattform zu, die im Modell durch den Punkt $L\ (8|43{,}2|0{,}06)$ dargestellt wird. Bestimmen Sie die Größe des Neigungswinkels der Flugbahn während der Landephase gegenüber der Horizontalen.

g) Bestimmen Sie eine Gleichung der Ebene in Koordinatenform, in der sich der Hubschrauber vom Auftrag bis zur Landung im Modell bewegt.

20.3 Aufgaben zur Wahrscheinlichkeitsrechnung

Aufgabe aus dem IQB-Pool – gemeinsame Aufgabenpools der Länder

Von allen Jugendlichen eines Landes im Alter von 14 bis 25 Jahren sind 49,20 % weiblich. 47,10 % der Jugendlichen erledigen ihre Finanzangelegenheiten regelmäßig mittels Smartphones oder Tablets. Der Anteil der Jugendlichen, die weiblich sind und ihre Finanzangelegenheiten regelmäßig mittels Smartphones oder Tablets erledigen, beträgt 19,68 %.

a) Stellen Sie den beschriebenen Sachzusammenhang in einer vollständig ausgefüllten Vierfeldertafel dar.

b) Bestimmen Sie die Wahrscheinlichkeit dafür, dass eine unter den Jugendlichen zufällig ausgewählte Person entweder männlich ist oder ihre Finanzangelegenheiten regelmäßig mittels Smartphone oder Tablet erledigt.

c) Weisen Sie nach, dass die Wahrscheinlichkeit dafür, dass eine unter den weiblichen Jugendlichen zufällig ausgewählte Person ihre Finanzangelegenheiten regelmäßig mittels Smartphone oder Tablet erledigt, 40 % beträgt.

Es werden 50 weibliche Jugendliche zufällig ausgewählt.

d) Bestimmen Sie jeweils die Wahrscheinlichkeit folgender Ereignisse:

A: „Die Hälfte der ausgewählten weiblichen Jugendlichen erledigt Finanzangelegenheiten regelmäßig mittels Smartphone oder Tablet“.

B: „Mehr als die Hälfte der ausgewählten weiblichen Jugendlichen erledigen Finanzangelegenheiten regelmäßig mittels Smartphone oder Tablet“.

Aus einer Gruppe von zehn Jugendlichen nutzen für Finanzangelegenheiten vier Personen nur Smartphones und sechs nur Tablets. Aus dieser Gruppe werden drei Jugendliche zufällig ausgewählt.

e) Begründen Sie, dass die Binomialverteilung für Überlegungen zur Anzahl der ausgewählten Personen, die für Finanzangelegenheiten nur Smartphones nutzen, nicht geeignet ist.

f) Bestimmen Sie die Wahrscheinlichkeit dafür, dass genau zwei der drei ausgewählten Personen für Finanzangelegenheiten nur Smartphones nutzen.

Lösungen zu diesen Abituraufgaben

Die Lösungen können über diesen Link auf der Homepage von Calcuso über den folgenden Link oder QR-Code abgerufen werden:

calcuso.link/fb991cw

21 Aufgaben zur Übung und Kontrolle

21.1 SETTINGS – Einstellungen / Allgemeine Bedienung

1. Stelle den Rechner so ein, dass alle Rechenergebnisse standardmäßig als Dezimalzahl wie im Beispiel angezeigt werden.

2. Stelle das Zahlenformat so ein, dass die Berechnung wie im Beispiel auf 2 Stellen hinter dem Komma erscheint.

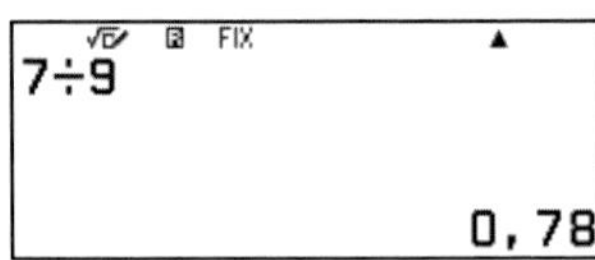

3. Stelle die Winkeleinheit auf das Bogenmaß ein. Berechne $sin\left(\frac{\pi}{2}\right)$.

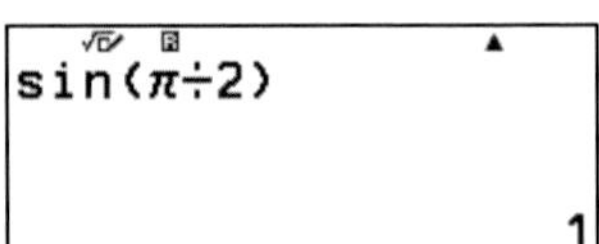

4. Stelle die Winkeleinheit zurück auf Gradmaß und berechne $sin(90)$.

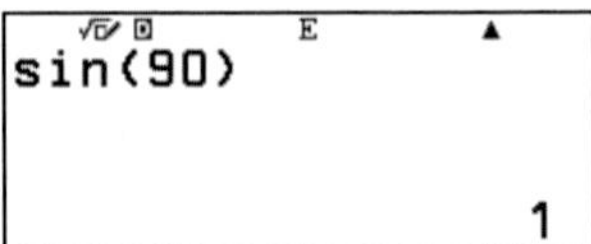

5. Schalte Dezimalpräfixe ein und berechne $30 \cdot 1000$, so dass das gezeigte Ergebnis erscheint.

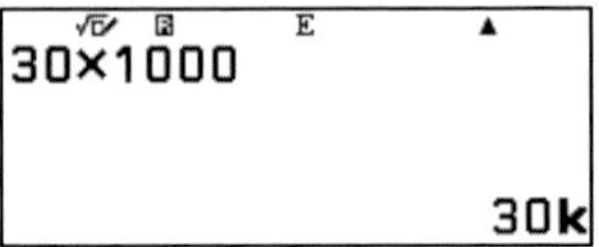

6. Lösche alle Variablen im Variablenspeicher. Lege hierzu zunächst einige Variablen an.

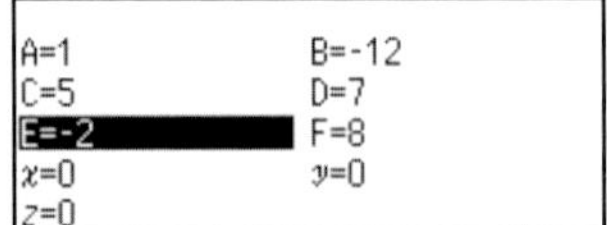

7. Zeige den Wert für die auf der Tastatur hinterlegte Zahl π an.

21.2 Grundlegende Rechenaufgaben

Berechne unter Beachtung der Rechenregeln!

Lösung als QR-Code

1. Berechne die Summe aus 47 und 83 und multipliziere sie mit der Differenz der beiden Zahlen.

2. Berechne 2 hoch 10 minus 10 hoch 3.

3. Halbiere die Summe von 33 und 67 und subtrahiere davon die Differenz von 100 und 66.

4. Berechne 17 plus 3 mal 10.

5. Berechne den folgenden Rechenausdruck:

   $(230 - 5 \cdot 13 + 25) - (200 \cdot 4 + 3)$

6. Berechne: $5 \cdot e^{\ln 2}$

7. Berechne: $2 \cdot \pi \cdot 12$

21.3 Funktionen aus CATALOG

1. Berechne 7! (7 Fakultät).

2. 2377 Münzen sollen unter 17 Personen gleichmäßig aufgeteilt werden. Der Rest kommt in eine Dose. Wie viele Münzen bekommt jede Person und wie viele Münzen kommen in die Dose?

   Führe eine ganzzahlige Division mit Rest durch!

3. Gib den periodischen Dezimalbruch $0,\overline{7}$ ein und stelle ihn als Dezimalzahl dar!

4. Runde das Ergebnis der Rechnung $((17:4):7)$ auf 4 Stellen.

5. Wie viele Meter sind $250\ nm$ (Nanometer)?

6. Wie viele ganze Stunden, Minuten, Sekunden sind 2,734 h?

7. Wie viele Stunden, Minuten, Sekunden vergehen von

   17:40 Uhr und 50 Sekunden bis 22:39 Uhr und 17 Sekunden?

8. Berechne die Summe aller Zahlen von 100 bis 500.

9. Berechne das Produkt aller Zahlen von $\frac{1}{2}, \frac{1}{3}, \frac{1}{4} \dots \frac{1}{10}$.

10. Welcher Wert ist für die Avogadro-Zahl N_A (Stoffmenge eines Mols) im Rechner hinterlegt?

21.4 Lösungen zu diesem Kapitel

Lösungen zu 21.1

1. **SETTINGS -> Recheneinstellungen -> Eingabe/Ausgabe ->**

   Mathe -> Dezimal

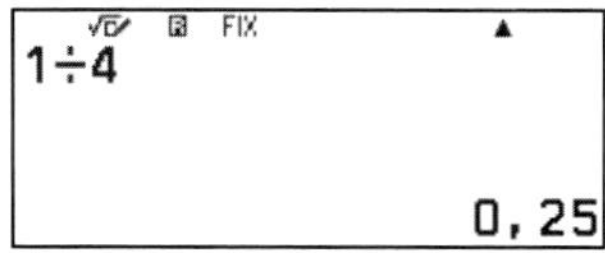

2. **SETTINGS -> Recheneinstellungen -> Zahlenformat -> Fix -> Fix2**

3. **SETTINGS -> Recheneinstellungen -> Winkeleinheit -> Bogenmaß**

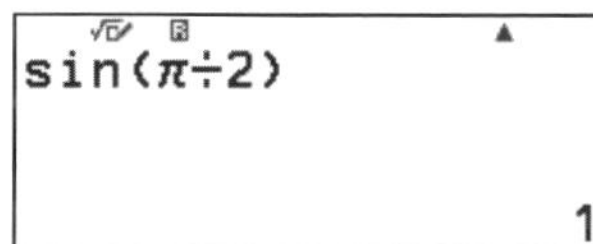

4. **SETTINGS -> Recheneinstellungen -> Winkeleinheit -> Gradmaß**

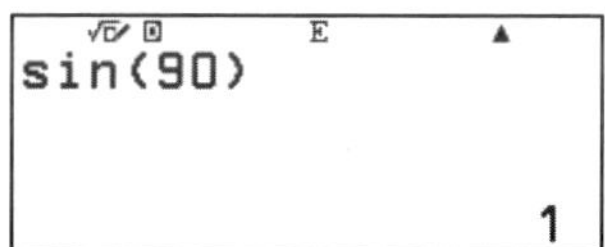

5. **SETTINGS -> Recheneinstellungen -> Dezimalpräfixe -> Ein**

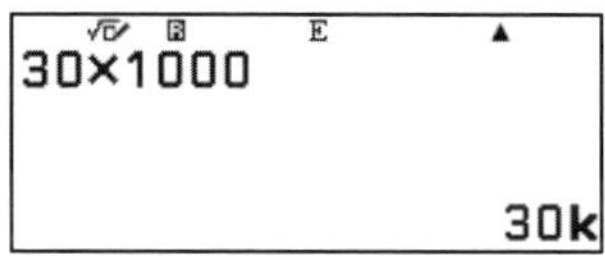

6. **SETTINGS -> Zurücksetzen -> Variablenspeicher -> Ja**

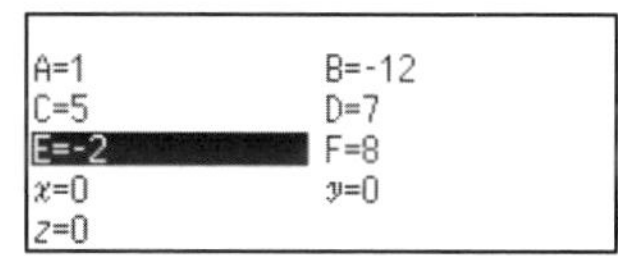

7. **SHIFT + 7**

   EXE

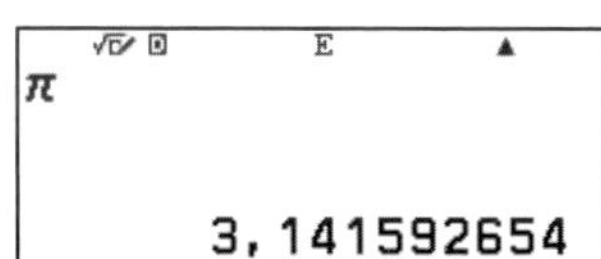

Lösungen zu 21.3 (CATALOG)

1.

```
Funktionsanalyse ▸
Wahrscheinlichk. ▸
Num. Berechnung ▸
Winkel/60S ▸
```

```
%
Fakultät(!)
Kombination(C)
Zufallszahl
```

```
7!
                5040
```

2.

```
Funktionsanalyse ▸
Wahrscheinlichk. ▸
Num. Berechnung ▸
Winkel/60S ▸
```

```
Summation(Σ)
Produkt(Π)
Rechnen mit Rest
Logarith.(logab)
```

```
2377÷R17
                 139
R=                14
```

3.

```
Funktionsanalyse ▸
Wahrscheinlichk. ▸
Num. Berechnung ▸
Winkel/60S ▸
```

```
Absolutwert
Periodendarstell.
Ganzzahl
Rundung
```

$0,\overline{7}$

```
        0,7777777778
```

4.

```
Funktionsanalyse ▸
Wahrscheinlichk. ▸
Num. Berechnung ▸
Winkel/60S ▸
```

```
Ganzzahl
Rundung
Größte Ganzzahl
Internes Runden
```

```
RndFix((17÷4)÷7;
              0,6071
```

```
◂Fix((17÷4)÷7;4)
```

5.

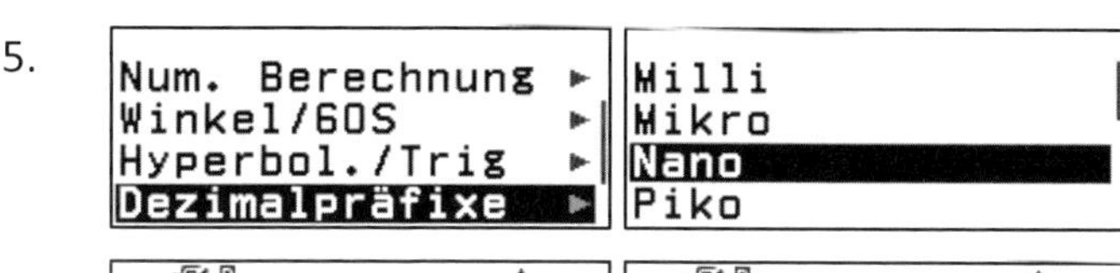

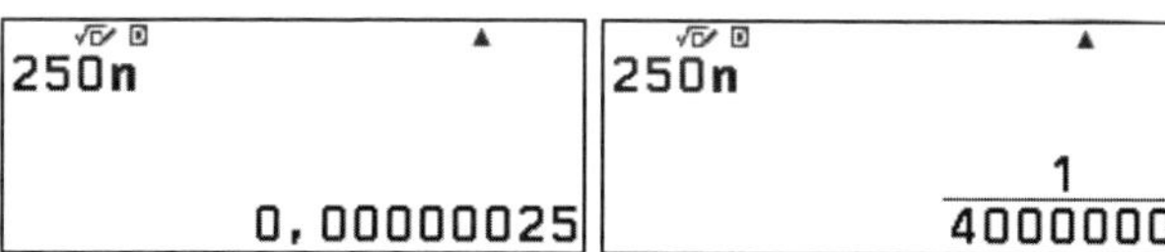

6.

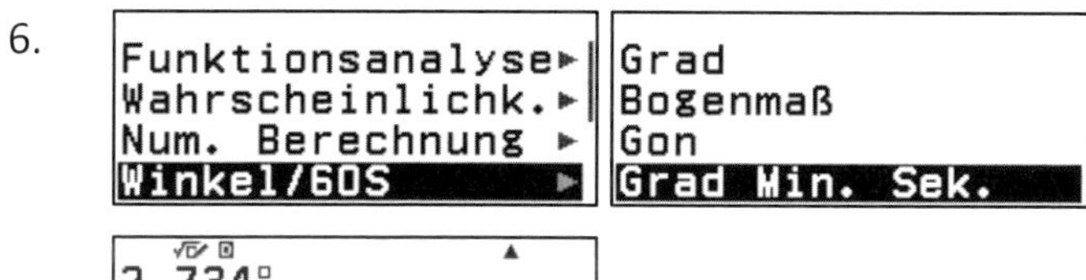

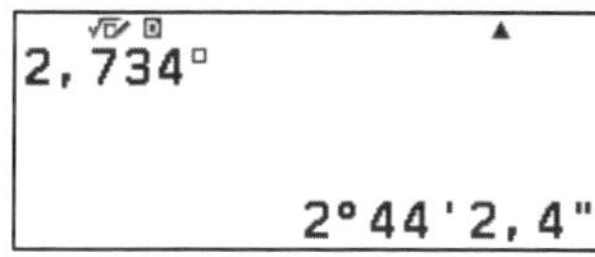

7.

22°39°17°−17°40°5
4°58'27"

◂9°17°−17°40°50°

8. Berechne die Summe aller Zahlen von 100 bis 500.

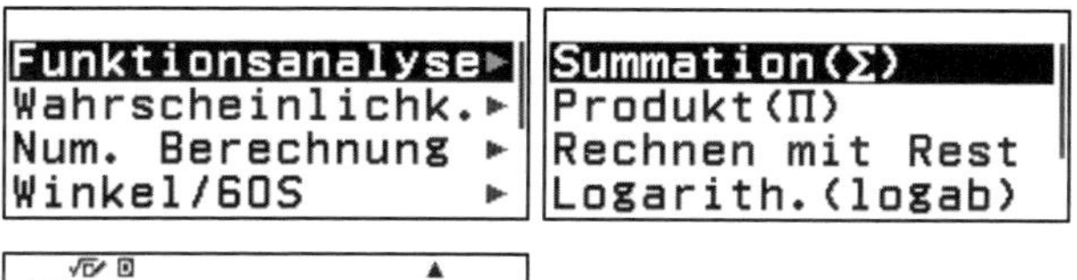

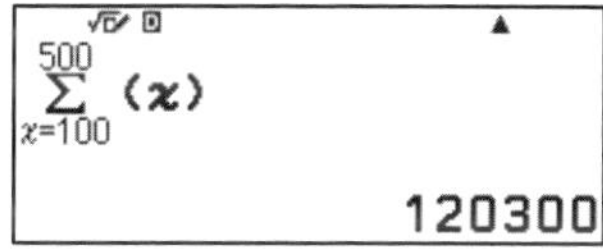

9. Berechne das Produkt aller Zahlen von $\frac{1}{2}, \frac{1}{3}, \frac{1}{4} \dots \frac{1}{10}$.

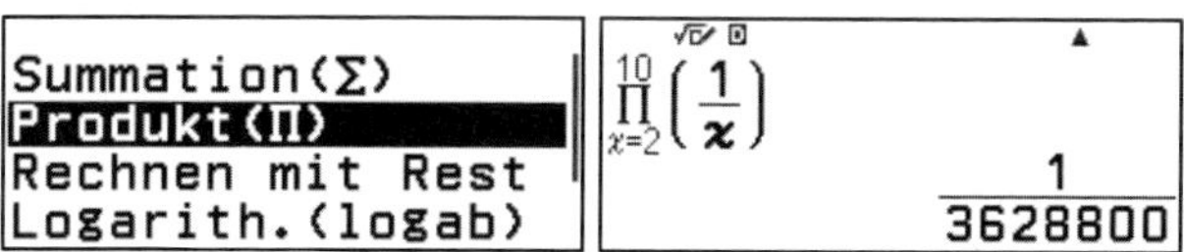

10.

Winkel/60S ►
Hyperbol./Trig ►
Dezimalpräfixe ►
Wissensch. Konst ►

Univers. Konst. ►
Elek.mag. Konst. ►
Atom./Nuk. Konst ►
Phys/Chem. Konst ►

mu	F
NA	k
Vm	R
C1	C2
σ	

N_A

$6,02214076 \times 10^{23}$

22 Wichtige Befehle | Shortcuts

Thema	Tasten / Befehle / Menü	
Allgemeine Einstellungen / Berechnungen		
Bogenmaß, Gradmaß	Settings / Recheneinstellungen / Winkeleinheit	○Gradmaß (D) ◉Bogenmaß (R) ○Gon (G)
Dezimaldarstellung in Bruchdarstellung umwandeln	Taste **FORMAT**	FORMAT
Einheiten umrechnen	Taste **CATALOG** / Einheitenumrech.	CATALOG Hyperbol./Trig ▸ Dezimalpräfixe ▸ Wissensch. Konst▸ Einheitenumrech.▸
Primfaktorzerlegung / Faktorisierung	Taste **FORMAT**	FORMAT Voreinstellung Dezimal Primfaktor ENG Notation
ggT = größter gemeinsamer Teiler	Taste **CATALOG** / Num. Berechnung / **ggT**	CATALOG ggT kgV Absolutwert Periodendarstell.
kgV = kleinstes gemeinsames Vielfaches	Taste **CATALOG** / Num. Berechnung / kgV	CATALOG ggT kgV Absolutwert Periodendarstell.

Thema	**Tasten / Befehle / Menü**	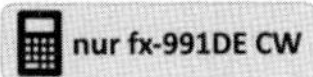
Dreisatz / Verhältnisgleichung	**Hauptmenü / Verhältnis**	xy>0 Ungleichung Komplex Basis-N Matrix Vektor **Verhältnis**
Gleichungen 2. – 4. Grades	**Hauptmenü / Gleichung /** Polynom-Gleich.	Gleichungssyst. **Polynom-Gleich.** Allgemeine Lösung
Gleichungssysteme	**Hauptmenü / Gleichung /** Gleichungssyst.	**Gleichungssyst.** Polynom-Gleich. Allgemeine Lösung
Allgemeine Gleichungen	**Hauptmenü / Gleichung /** Allgemeine Lösung	Gleichungssyst. Polynom-Gleich. **Allgemeine Lösung**

Regression		
Lineare Regression	**Hauptmenü / Statistik** / 2 Variablen / Tools / Regression Erg. $y = ax + b$	2-Var Ergebnisse **Regression Erg. ▸** Statistik-Rechn.▸ **y=ax+b** y=ax²+bx+c y=a+b·ln(x) y=a·e^(bx)
Quadratische Regression	**Hauptmenü / Statistik** / 2 Variablen / Tools / Regression Erg. $y = ax^2 + bx + c$	y=ax+b **y=ax²+bx+c** y=a+b·ln(x) y=a·e^(bx)
Exponentielle Regression	**Hauptmenü / Statistik** / 2 Variablen / Tools / Regression Erg. $y = a \cdot e^\wedge(bx)$ $y = a \cdot b^\wedge x$	y=a+b·ln(x) **y=a·e^(bx)** y=a·b^x y=a·x^b

Thema	Tasten / Befehle / Menü	
QR-Code Generator		
Allgemeiner Aufruf (Internet-Verbindung zur Anzeige von Grafiken erforderlich!)	Shift + QR (x) 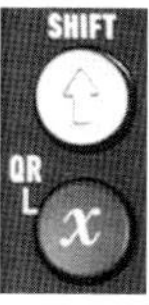	

Vektoren / Matrizen		nur fx-991DE CW
Vektoren / Matrizen definieren	Im jeweiligen Modus / **TOOLS** / Dimension festlegen / Komponenten eingeben	[TOOLS] drücken, um Vektor zu def. VctA= [1 2 3] 3
Vektorrechnung Berechnungsmodus	Über **CATALOG** Vektoren und Funktionen / Rechenoperationen auswählen	[TOOLS] drücken, um Vektor zu def. Skalarprodukt Kreuzprodukt Winkel Einheitsvektor
Länge/Betrag eines Vektors $Abs(VctA)$	Im Vektor-Berechnungsmodus über **CATALOG** / **Num.Berechnung / Absolutwert** und **Vektor / Vektor** auswählen!	ggT kgV Absolutwert Ganzzahl Abs(VctA)

Thema	Tasten / Befehle / Menü	nur fx-991DE CW
Skalarprodukt	Über **CATALOG** 1.Vektor (**Vct A**) auswählen. Funktion Skalarprodukt auswählen. Dann 2.Vektor (**Vct B**) auswählen!	Skalarprodukt Kreuzprodukt Winkel Einheitsvektor VctA·VctB
Vektorprodukt / Kreuzprodukt	Über **CATALOG** 1.Vektor (**Vct A**) auswählen. Funktion Kreuzprodukt auswählen. Dann 2.Vektor (**Vct B**) auswählen!	Skalarprodukt Kreuzprodukt Winkel Einheitsvektor VctA×VctB
Winkel zwischen Vektoren	Über **CATALOG** / Vektor / Vektor-rechnung /Winkel auswählen, beide Vektoren eingeben, durch Semikolon getrennt.	Skalarprodukt Kreuzprodukt Winkel Einheitsvektor Angle(VctA;VctB)

Analysis		
Ableitung einer Funktion	**CATALOG** / Funktionsanalyse / Ableitung (d/dx)	Funktionsanalyse ► Wahrscheinlichk. ► Num. Berechnung ► Winkel/Koord/60S ► Ableitung(d/dx) Integration(∫) Summation(Σ) Produkt(Π)
Integral einer Funktion	**CATALOG** / Funktionsanalyse / Integration (∫)	Ableitung(d/dx) Integration(∫) Summation(Σ) Produkt(Π)

Thema	Tasten / Befehle / Menü	
Wahrscheinlichkeitsrechnung		
Fakultät $n!$	**CATALOG** / Wahrscheinlichk. / Fakultät	Funktionsanalyse▸ Wahrscheinlichk.▸ Num. Berechnung ▸ Winkel/Koord/60S▸ % Fakultät(!) Permutation(P) Kombination(C)
Kombinationen nCr	**CATALOG** / Wahrscheinlichk. / Kombination	% Fakultät(!) Permutation(P) Kombination(C)
Permutationen nPr	**CATALOG** / Wahrscheinlichk. / Permutation	% Fakultät(!) Permutation(P) Kombination(C)
Wahrscheinlichkeit einer Binomialverteilung	**Hauptmenü / Verteilung** / Binom. Verteilung	Berechnung Statistik Verteilung Tabellenk. Wertetab. Gleichung Binom.Verteilung▸ Kumul. Binom.-V.▸ Normal-V. Dichte Kumul. Normal-V.
Kumulierte Wahrsch. einer Binomialverteilung	**Hauptmenü / Verteilung** / Kumul. Binom.-V.	Binom.Verteilung▸ Kumul. Binom.-V.▸ Normal-V. Dichte Kumul. Normal-V.
Wahrscheinlichkeit einer Normalverteilung	**Hauptmenü / Verteilung** / Normal-V. Dichte	Binom.Verteilung▸ Kumul. Binom.-V.▸ Normal-V. Dichte Kumul. Normal-V.
Kumulierte Wahrsch. einer Normalverteilung	**Hauptmenü / Verteilung** / Kumul. Normal-V.	Binom.Verteilung▸ Kumul. Binom.-V.▸ Normal-V. Dichte Kumul. Normal-V.

23 Index / Stichwortverzeichnis

A

B

C

D

E

F

G

H

I

K

L

M

N

O

P

Q

R

S

T

U

V

W

Z